Das Tastaturschreiben mit 10 Fingern in 5 Stunden

Begleitheft für den Unterricht

Verlag:
BILDNER Verlag GmbH
Bahnhofstraße 8
94032 Passau

http://www.bildner-verlag.de
info@bildner-verlag.de

ISBN: 978-3-8328-0009-3
Bestellnummer: RP-00028

Autoren: Inge Baumeister, Anja Schmid, Andreas Zintzsch
Herausgeber: Christian Bildner

Bildnachweis: Cover: © Syda Productions - Fotolia.com; Seite 15: © anelluk - Fotolia.com, Seite 24: © Picture-Factory - Fotolia.com
Druck: FINIDR s.r.o., Lípová 1965, 73701 Český Téšín, Tschechische Republik

© 2016 BILDNER Verlag GmbH Passau, 3. Auflage November 2021

Das FSC®-Label auf einem Holz- oder Papierprodukt ist ein eindeutiger Indikator dafür, dass das Produkt aus verantwortungsvoller Waldwirtschaft stammt. Und auf seinem Weg zum Konsumenten über die gesamte Verarbeitungs- und Handelskette nicht mit nicht-zertifiziertem, also nicht kontrolliertem, Holz oder Papier vermischt wurde. Produkte mit FSC®-Label sichern die Nutzung der Wälder gemäß den sozialen, ökonomischen und ökologischen Bedürfnissen heutiger und zukünftiger Generationen.

Grundreihe – linke Hand

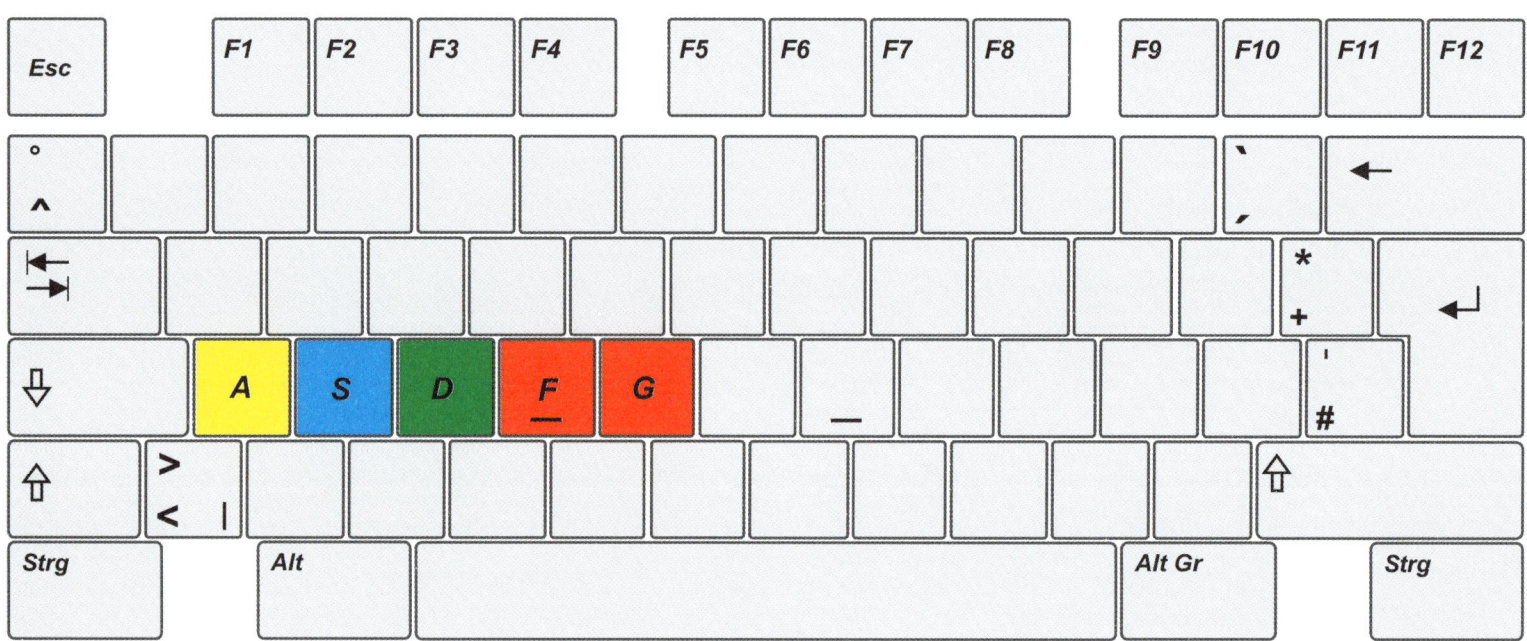

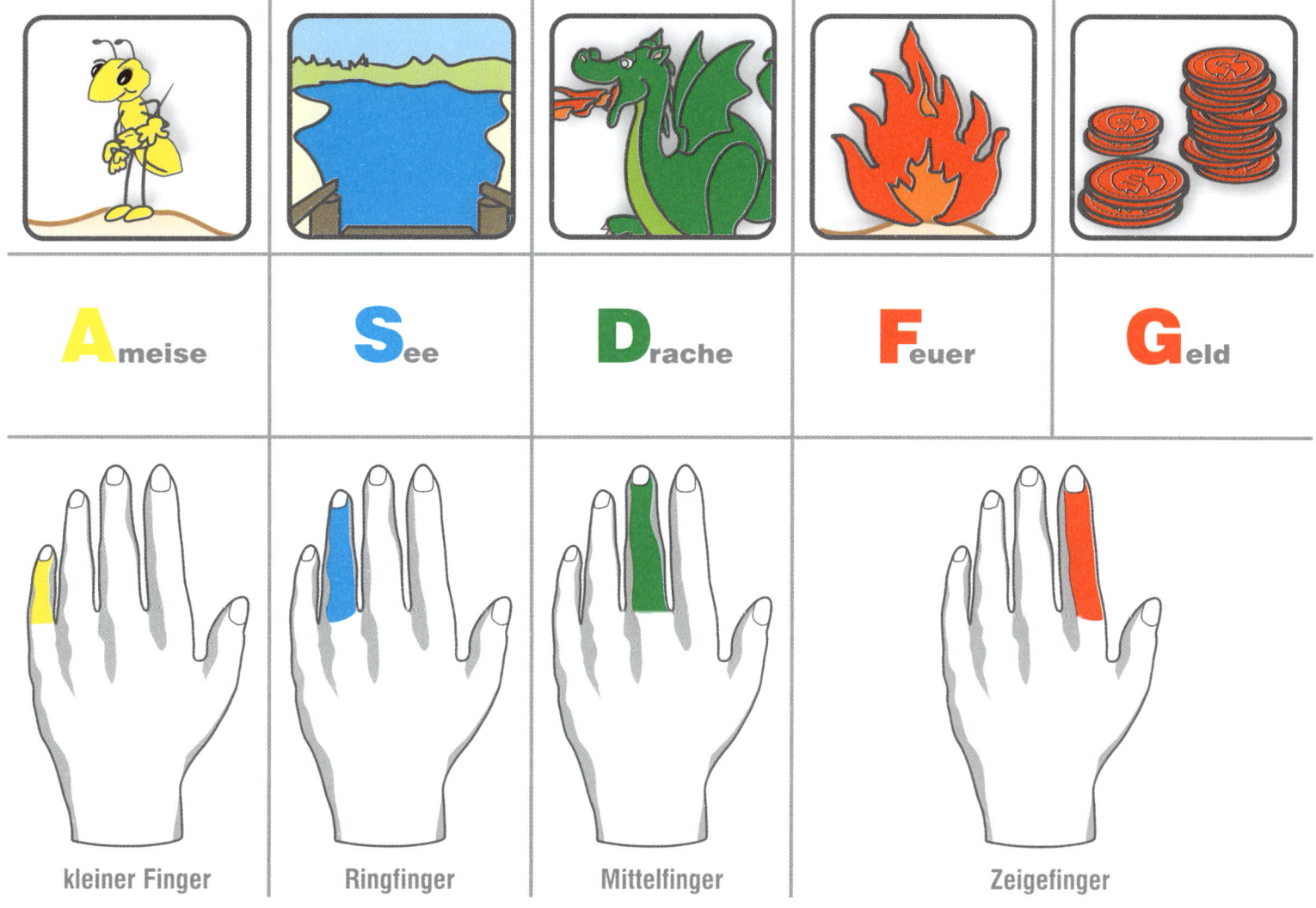

Ameise	**S**ee	**D**rache	**F**euer	**G**eld
kleiner Finger	Ringfinger	Mittelfinger		Zeigefinger

Bilderquiz Grundreihe – linke Hand

Übung: Vor dir siehst du die Tasten der Grundreihe der linken Hand zusammen mit den Bildern. Beschrifte jede Taste mit dem passenden Buchstaben und kreuze darunter den Finger an. Kreuze auch noch die Farbe des Fingers bzw. des Bildes an.

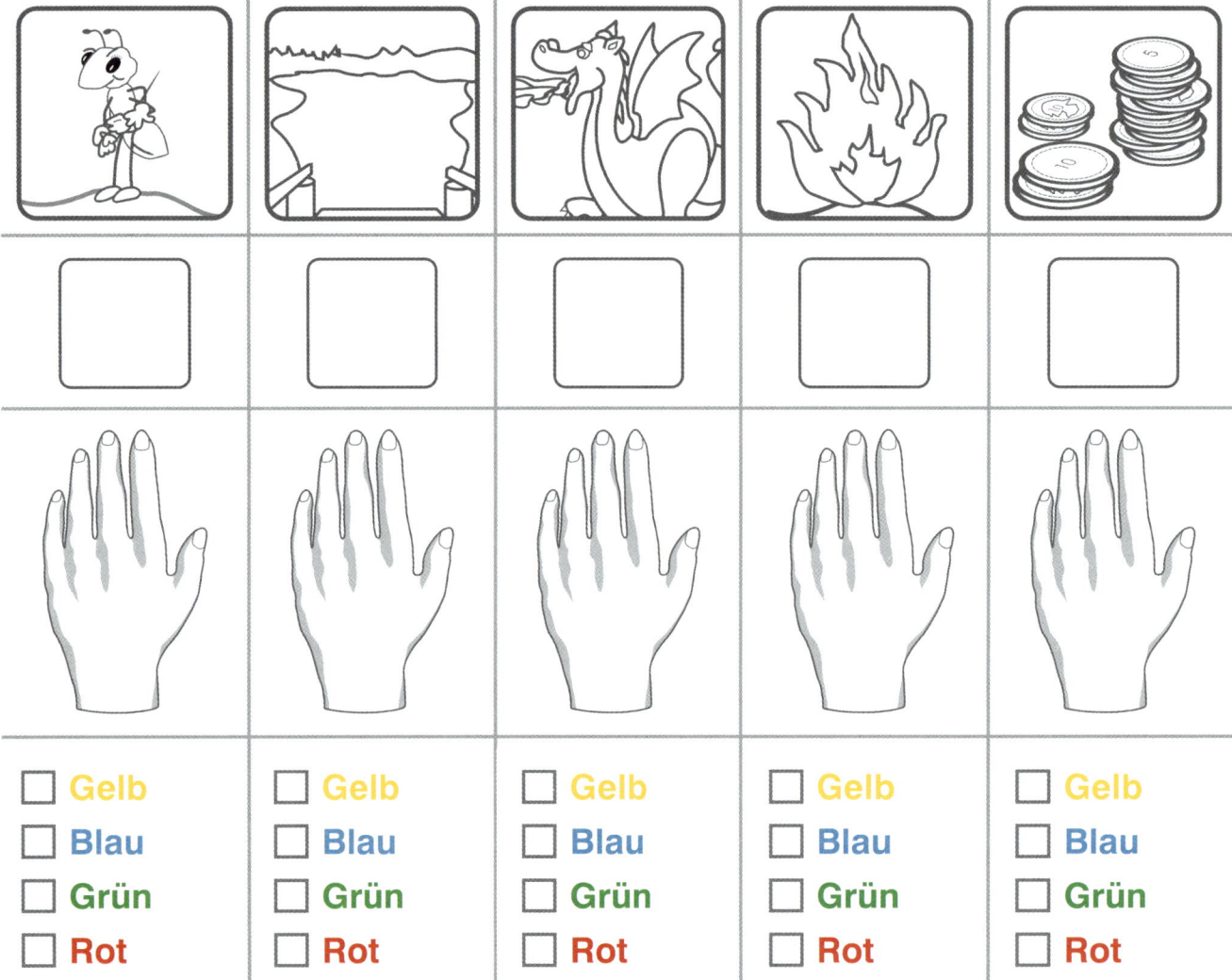

Fingerquiz Grundreihe – linke Hand

Übung: Trage die Buchstaben in die Tastenfelder ein und verbinde jede Taste mit dem dazugehörigen Finger.

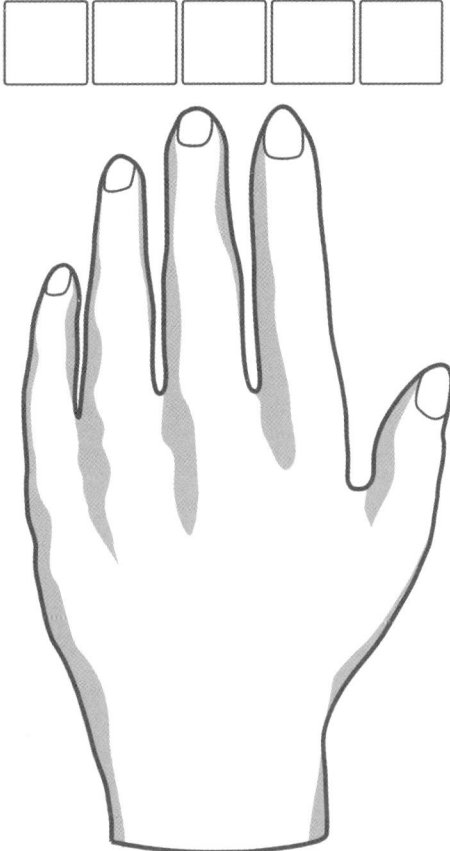

Grundreihe – rechte Hand

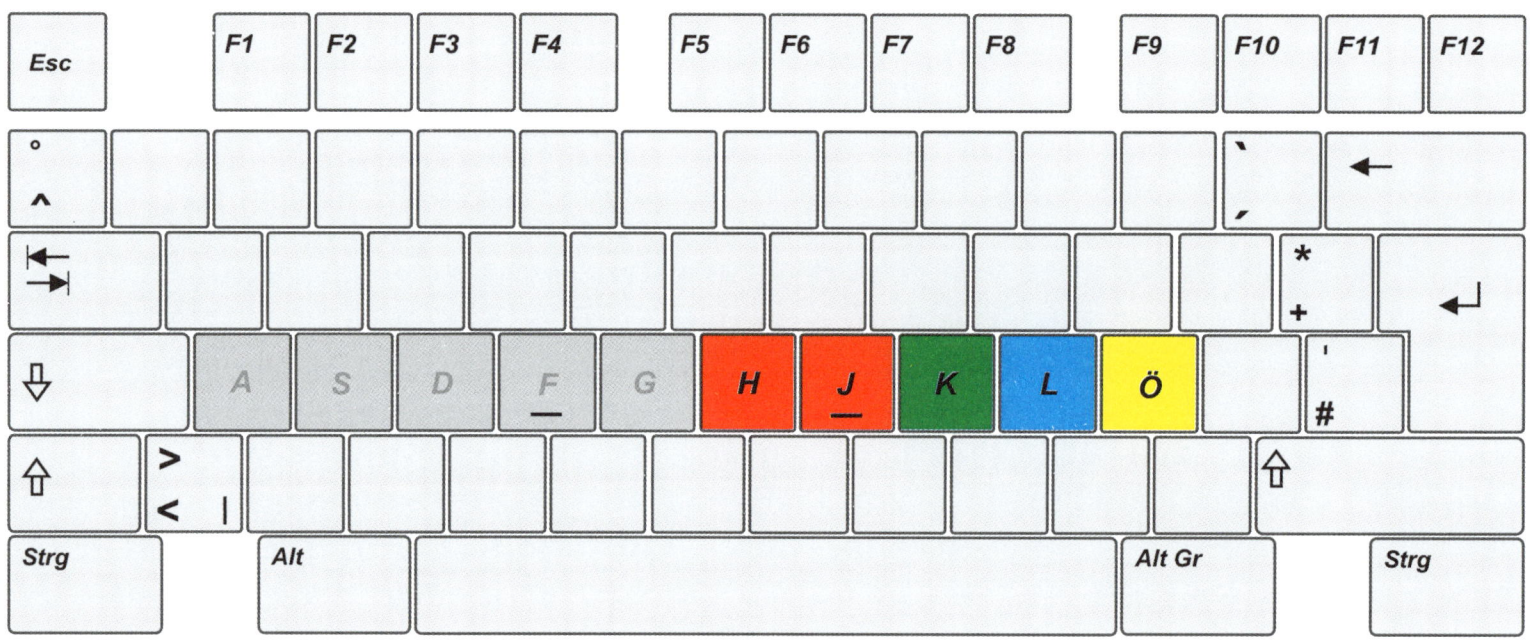

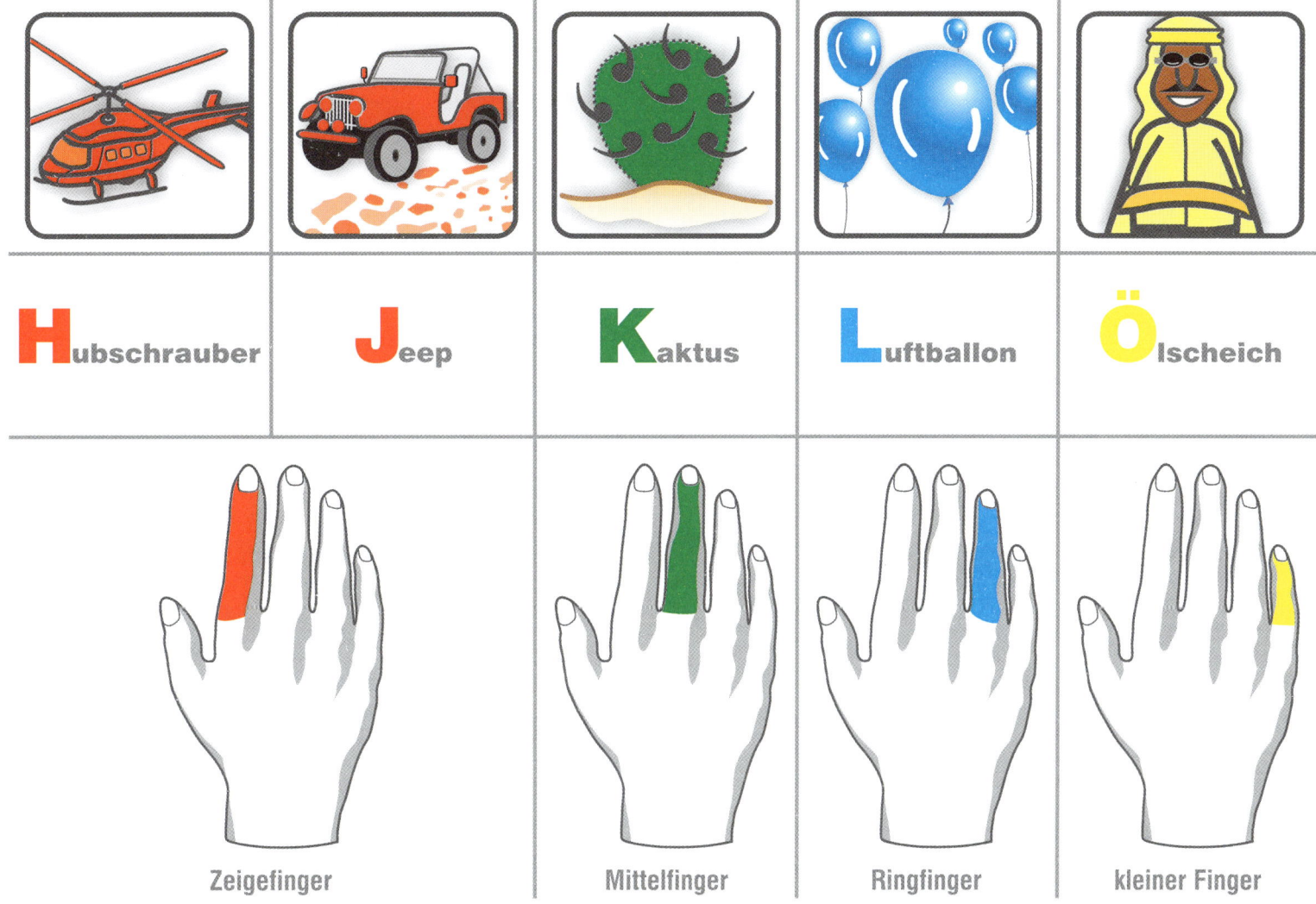

Hubschrauber **J**eep **K**aktus **L**uftballon **Ö**lscheich

Zeigefinger Mittelfinger Ringfinger kleiner Finger

Bilderquiz Grundreihe – rechte Hand

Übung: Vor dir siehst du die Tasten der Grundreihe der rechten Hand zusammen mit den Bildern. Beschrifte jede Taste mit dem passenden Buchstaben und kreuze darunter den Finger an. Kreuze auch noch die Farbe des Fingers bzw. des Bildes an.

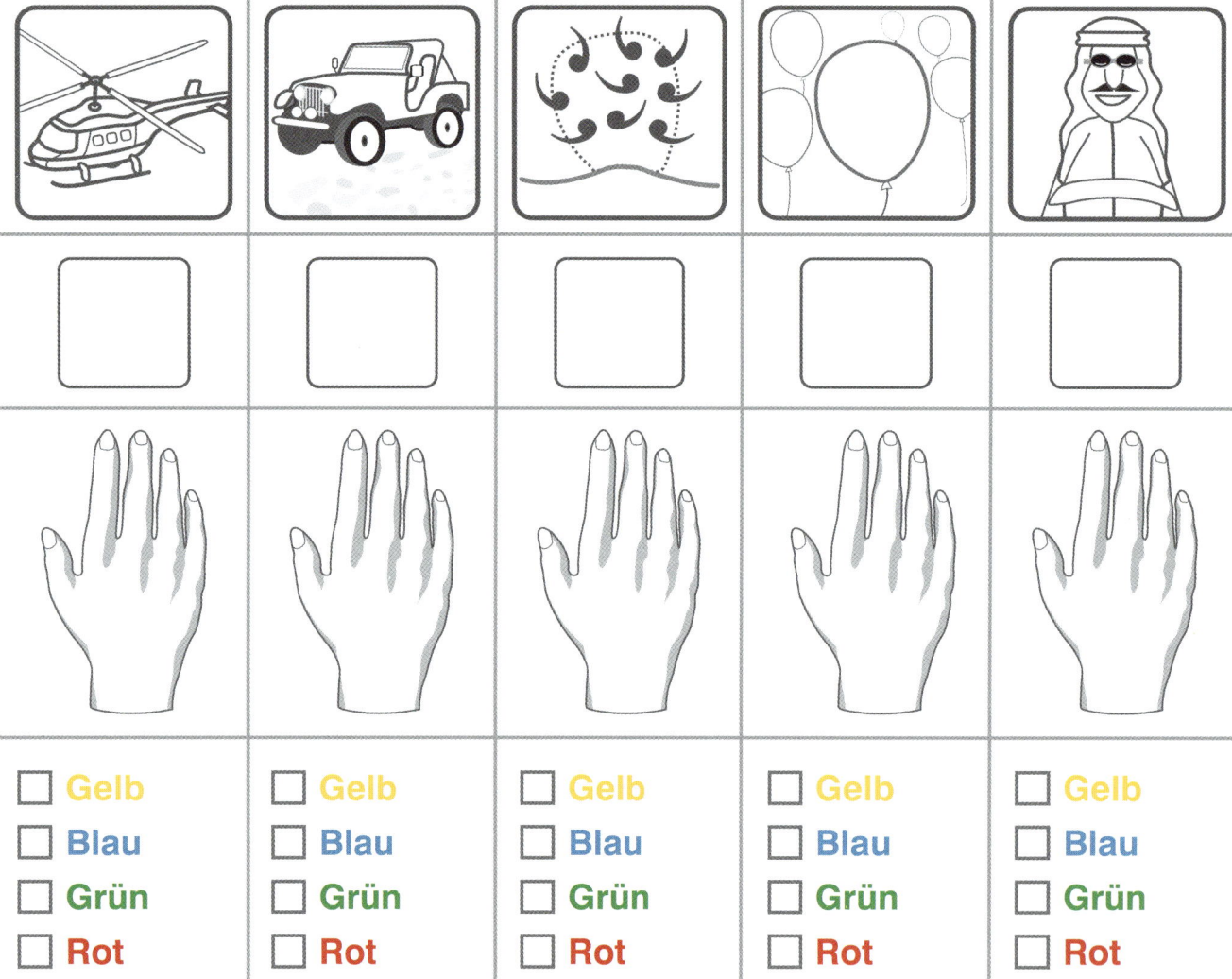

© BILDNER Verlag GmbH, Passau. Bitte beachten Sie, dass Kopien nicht gestattet sind und Verstöße ausnahmslos verfolgt werden. Infos für Lehrkräfte unter www.schulbuchkopie.de

Fingerquiz Grundreihe – rechte Hand

Übung: Trage die Buchstaben in die Tastenfelder ein und verbinde jede Taste mit dem dazugehörigen Finger.

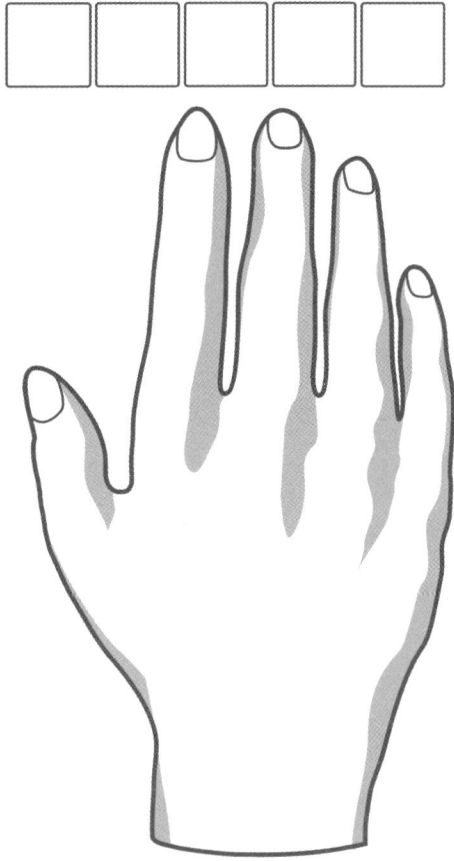

Buchstabenquiz Grundreihe – beide Hände

Übung: Kreuze zu jedem Buchstaben die Farbe und die Hand an.

Buchstabe	Gelb	Blau	Grün	Rot	Linke Hand	Rechte Hand
D	☐	☐	☐	☐	☐	☐
S	☐	☐	☐	☐	☐	☐
F	☐	☐	☐	☐	☐	☐
G	☐	☐	☐	☐	☐	☐
S	☐	☐	☐	☐	☐	☐
A	☐	☐	☐	☐	☐	☐
F	☐	☐	☐	☐	☐	☐
Ö	☐	☐	☐	☐	☐	☐
K	☐	☐	☐	☐	☐	☐
L	☐	☐	☐	☐	☐	☐
K	☐	☐	☐	☐	☐	☐
J	☐	☐	☐	☐	☐	☐

Buchstabenquiz Grundreihe – beide Hände

Übung: Kreuze zu jedem Buchstaben die Farbe und die Hand an.

Buchstabe	Gelb	Blau	Grün	Rot	Linke Hand	Rechte Hand
H	☐	☐	☐	☐	☐	☐
L	☐	☐	☐	☐	☐	☐
A	☐	☐	☐	☐	☐	☐
H	☐	☐	☐	☐	☐	☐
D	☐	☐	☐	☐	☐	☐
L	☐	☐	☐	☐	☐	☐
Ö	☐	☐	☐	☐	☐	☐
K	☐	☐	☐	☐	☐	☐
F	☐	☐	☐	☐	☐	☐
J	☐	☐	☐	☐	☐	☐
S	☐	☐	☐	☐	☐	☐
G	☐	☐	☐	☐	☐	☐

Tastenquiz Grundreihe – beide Hände

Übung: Trage die entsprechenden Buchstaben in die Tastenfelder ein.

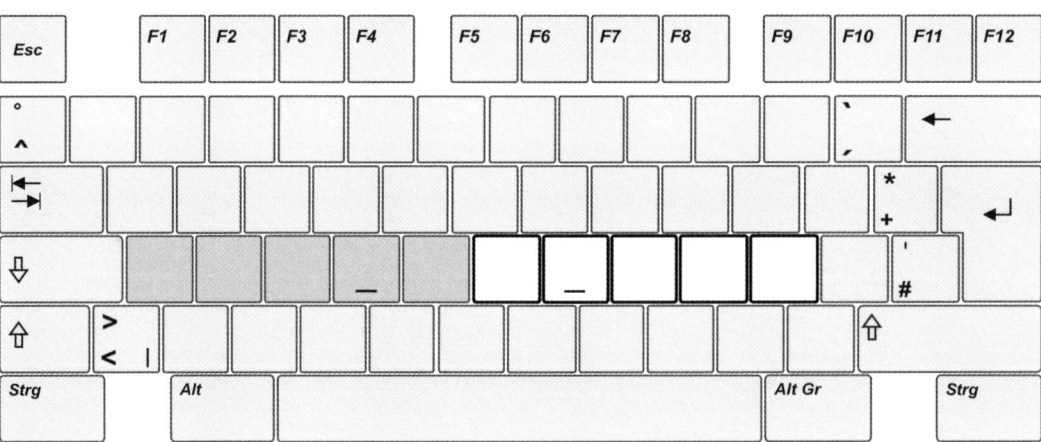

Achte auf die Gestaltung Deines Arbeitsplatzes!

Ein ergonomisch richtig gestalteter Arbeitsplatz ist für das Schreiben am Computer eine wesentliche Voraussetzung, um Verspannungen und Ermüdungserscheinungen in Armen, Beinen, Nacken und Rücken vorzubeugen und die Belastung der Augen zu verringern.

Optimale Sehbedingungen schaffen

- Das Licht sollte möglichst seitlich von oben einfallen. Der Arbeitsplatz sollte sich daher zwischen den Beleuchtungskörpern befinden und der Bildschirm sollte seitlich zum Fenster ausgerichtet sein.

- Vermeide Direktblendung, z. B. grelle Lichtquellen in Blickrichtung oder Spiegelungen und Lichtreflexe auf dem Bildschirm.

- Sorge für ausreichend Beleuchtung am Arbeitsplatz und passe Beleuchtung, Bildschirmhelligkeit und Bildschirmkontrast an die gegebenen Lichtverhältnisse an.

Bildschirm, Maus und Tastatur

- Platziere den Bildschirm so, dass du die Anzeigefläche ohne Drehung von Kopf oder Oberkörper ablesen kannst. Dieser Bereich beträgt etwa 70 Grad. Der Abstand zum Bildschirm sollte mindestens 50 cm betragen.

- Platziere Maus und Tastatur so, dass du sie ohne Belastung bedienen kannst. Richte die Tastatur gerade vor dir aus und platziere die Maus auf gleicher Höhe wie die Tastatur. Der Abstand der Tastatur zur Tischkante sollte zwischen 5 und 10 cm betragen.

Die richtige Sitzhaltung

- Passe Stuhl- und Schreibtischhöhe an deine Körpergröße an. Die Füße sollten flach auf dem Boden stehen, die Beine um 90 Grad oder mehr abgewinkelt sein. Schulterbereich und Oberarme sollten entspannt bleiben.

- Die Oberkante der Anzeigefläche des Bildschirms soll mit deiner Augenhöhe übereinstimmen. Stelle die Rückenlehne des Stuhls so ein, dass du gerade sitzen kannst und der Lendenwirbelbereich abgestützt wird.

- Die Handgelenke sollten etwas höher liegen als die Tastatur. Ober- und Unterarme sollten etwa einen Winkel von 90 Grad bilden. Winkle die Finger nur leicht an. Unterarm und Handrücken befinden sich während des Tippens in einer Linie.

Lockerungsübungen

Lockere vor Beginn deiner Schreibarbeit Arme, Hände und Finger. Entspanne dich auch zwischendurch mit kleinen Auflocke-rungsübungen, um Verspannungen vorzubeugen. Hier einige kleine Übungen für Arme, Hände und Finger:

- Strecke die Arme waagrecht nach vorne und drehe die Handflächen zueinander. Spreize die Finger weit auseinander, balle die Hände zu einer Faust und spreize sie wieder. Wiederhole die Übung etwa 10 mal.

- Lass deine Arme entspannt nach vorne hängen, schüttle Arme, Hände und Finger fünf Sekunden lang kräftig aus.

- Lege deine Handflächen aufeinander und spreize die Finger ganz weit.

- Knete einen Tennisball fest in den Fingern.

Lege nach etwa einer halben Stunde Arbeit am Computer 5 Minuten Pause ein.
Stehe auf oder verändere zumindest deine Sitzposition. Sorge für Frischluftzufuhr
am Arbeitsplatz!

Trainingshinweis

Zum Automatisieren der Griffwege auf der Tastatur und für das Erreichen der Schreibgeschwindigkeit ist ein entsprechendes Training notwendig:

- Übe täglich 10 - 20 Minuten.
- Lege Pausen ein und entspanne dich. Gerade zu Beginn wird dich das Schreiben mit 10 Fingern schnell ermüden.
- Achte immer auf die richtige Sitz- und Handhaltung.

Merke! Zunächst ist es wichtig, Tippsicherheit zu erlangen. Die Schreibgeschwindigkeit spielt dabei keine Rolle. Am Anfang ist es völlig normal, dass du dich vertippst. Korrigiere nicht jeden Buchstaben, sondern schreibe einfach das Wort nochmal.

- Tippe, ohne auf die Tastatur zu sehen.
- Tippe alle Zeichenfolgen und Wörter jeweils dreimal ab.
- Schreibe alles klein, die Großbuchstaben wirst du später lernen.
- Korrigiere ab sofort richtig, indem du die Rückschritttaste (bzw. Löschtaste, Backspace-Taste oder Korrekturtaste auf der Schreibmaschine) mit dem kleinen Finger der rechten Hand drückst.
- Wenn du eine neue Zeile beginnen möchtest, dann drücke die Eingabetaste (auch bezeichnet als Enter- oder Return-Taste) mit dem kleinen Finger der rechten Hand.

Übungstext Grundreihe – beide Hände

Du hast nun schon 10 Tasten der Grundreihe gelernt! Die Bilder der Geschichte machen es dir leicht, die Tasten zu finden, ohne dabei auf die Tastatur zu blicken.

Zeichen wiederholen – linke Hand

Kleiner Finger	Ringfinger	Mittelfinger	Zeigefinger		
aaa	sss	ddd	fff	ggg	fgf

Zeichen wiederholen – rechte Hand

Kleiner Finger	Ringfinger	Mittelfinger	Zeigefinger		
ööö	lll	kkk	jjj	hhh	jhj

Wörter schreiben

Beginne mit den Wörtern der ersten Zeile. Wichtig ist, beim Tippen nicht auf die Tastatur zu schauen. Schreibe jedes Wort dreimal.

ja	aas	da	das	öd	öl
alf	ada	als	sah	lag	aha
gas	las	fass	fall	kaff	saal
glas	kahl	hals	fahl	gala	kalk
dallas	alaska	kajak	ölfass	kafka	jaffa

Oberreihe – linke Hand

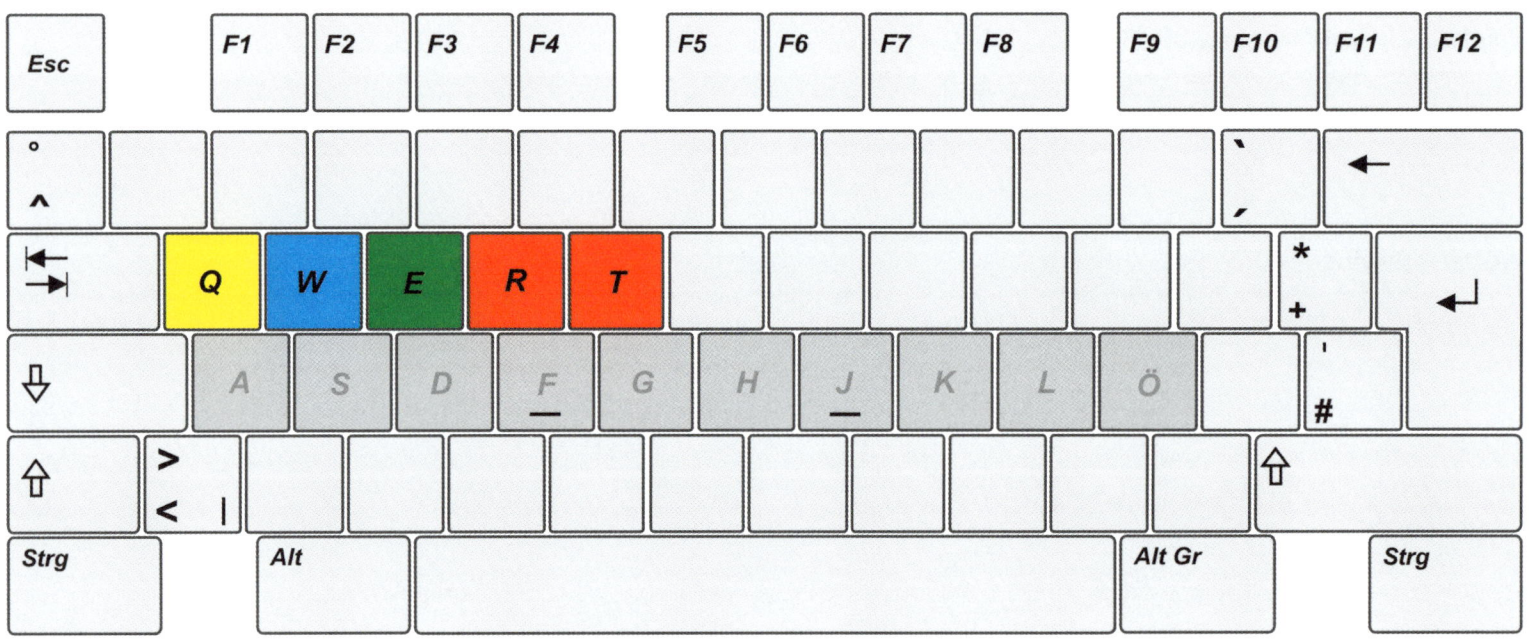

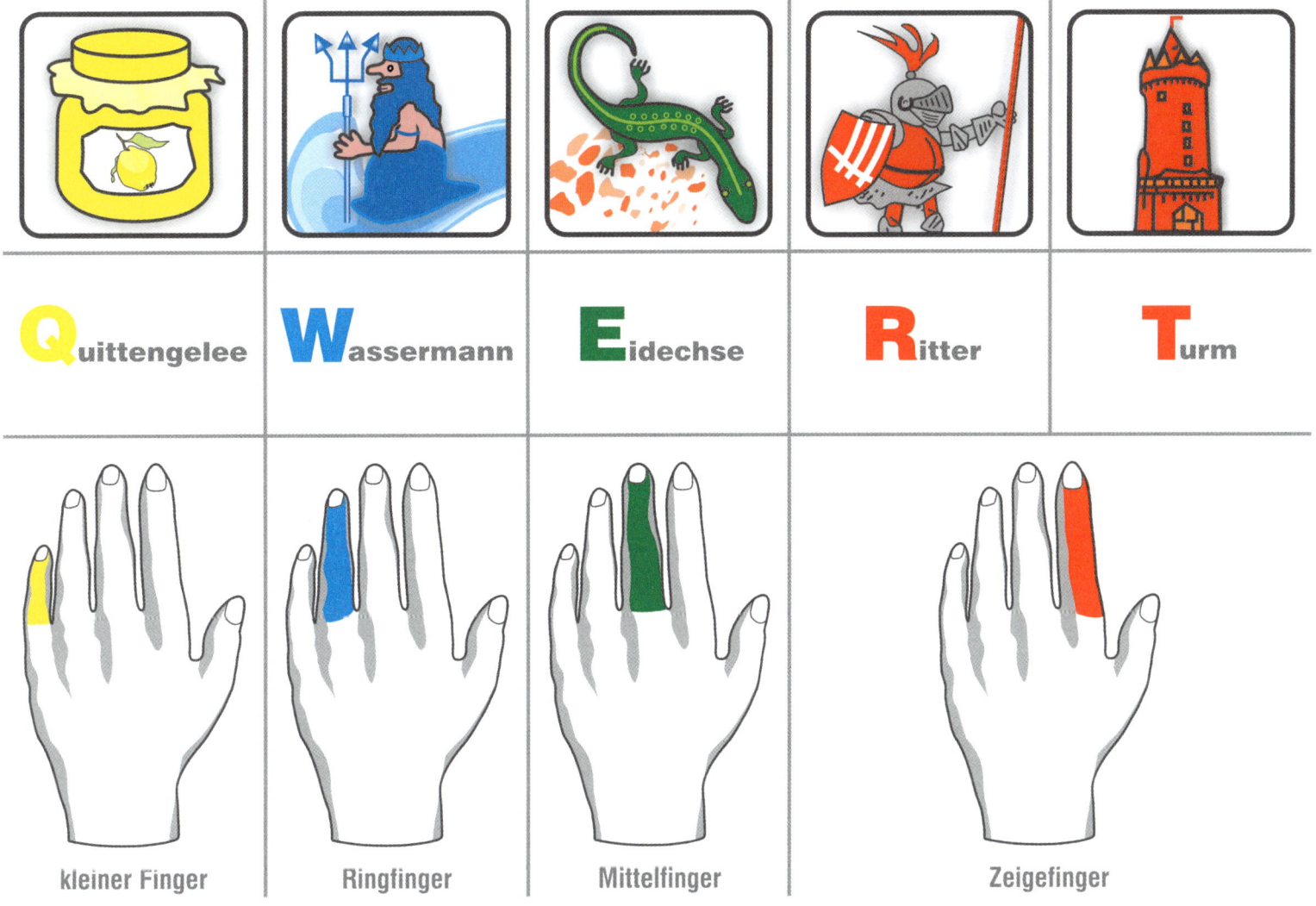

Bilderquiz Oberreihe – linke Hand

Übung: Vor dir siehst du die Tasten der Oberreihe der linken Hand zusammen mit den Bildern. Beschrifte jede Taste mit dem passenden Buchstaben und kreuze darunter den Finger an. Kreuze auch noch die Farbe des Fingers bzw. des Bildes an.

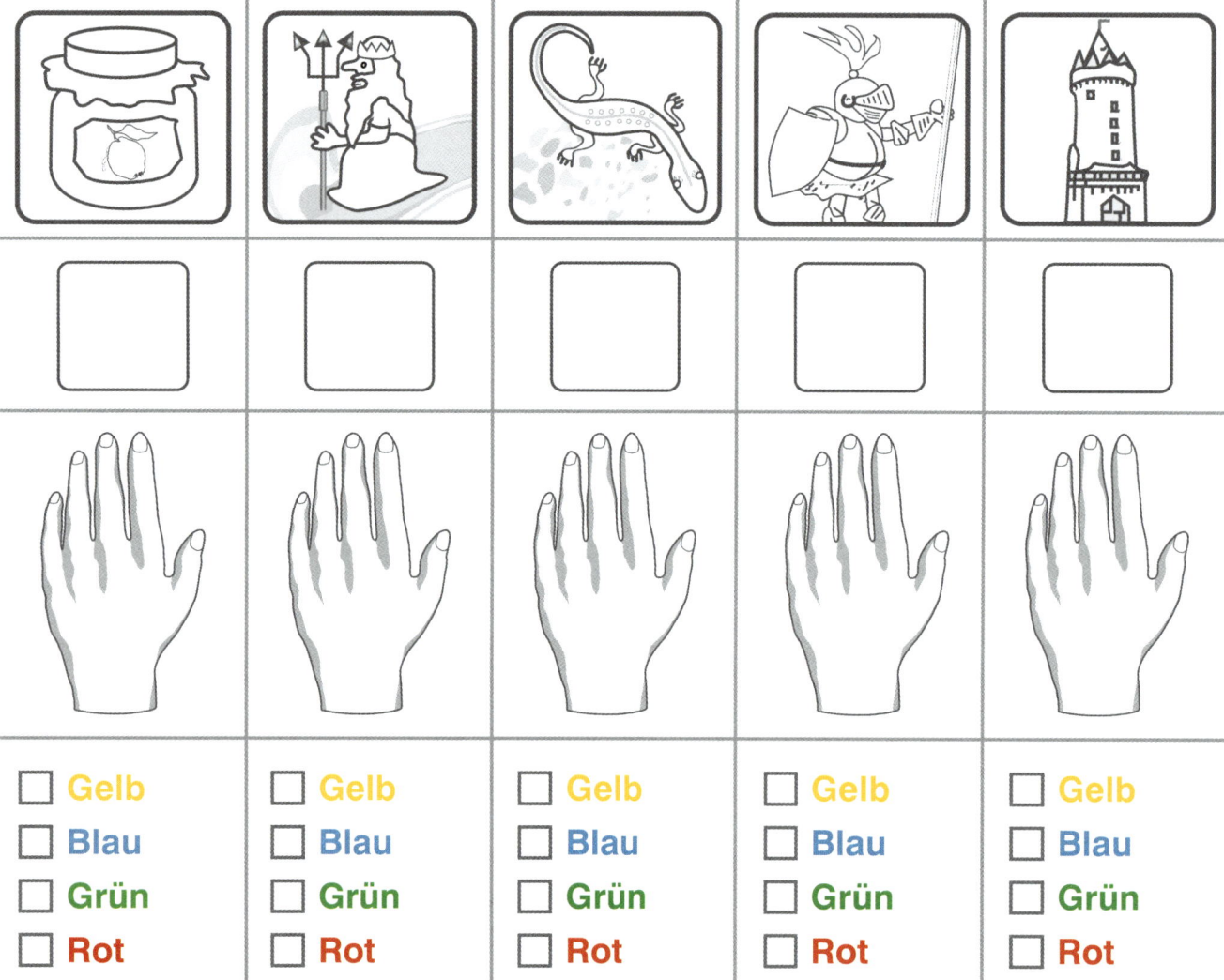

☐ Gelb	☐ Gelb	☐ Gelb	☐ Gelb	☐ Gelb
☐ Blau	☐ Blau	☐ Blau	☐ Blau	☐ Blau
☐ Grün	☐ Grün	☐ Grün	☐ Grün	☐ Grün
☐ Rot	☐ Rot	☐ Rot	☐ Rot	☐ Rot

Fingerquiz Oberreihe – linke Hand

Übung: Trage die Buchstaben in die Tastenfelder ein und verbinde jede Taste mit dem dazugehörigen Finger.

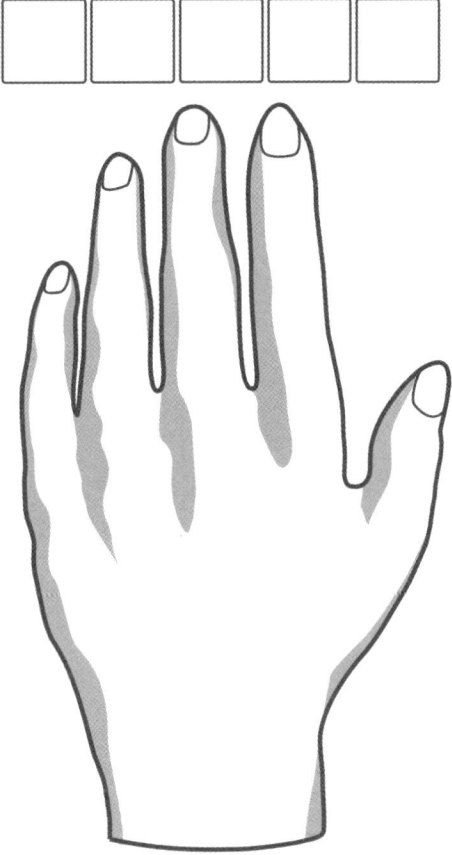

Oberreihe – rechte Hand

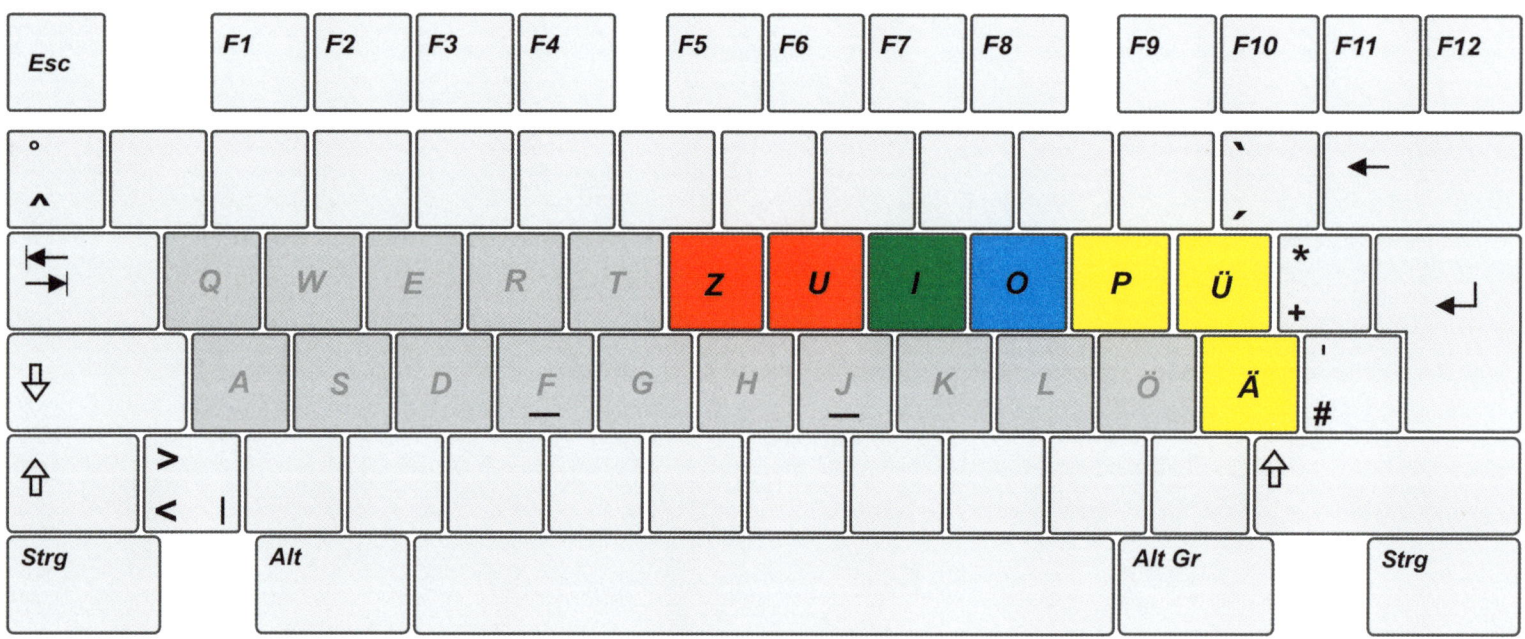

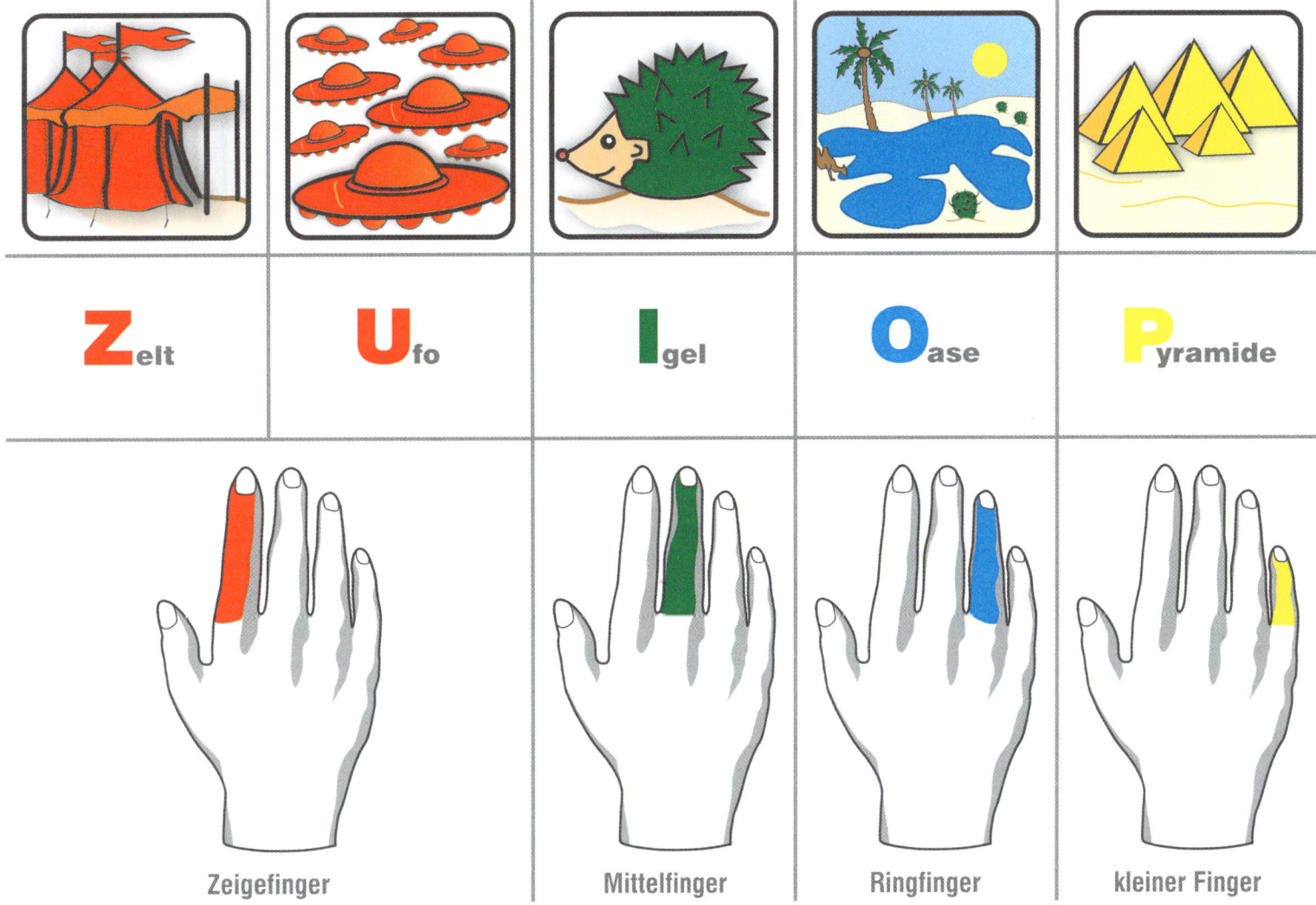

Zelt	Ufo	Igel	Oase	Pyramide
Zeigefinger		Mittelfinger	Ringfinger	kleiner Finger

Zusatz zur rechten Hand

Oberreihe

Überflug

Grundreihe

Ägypten

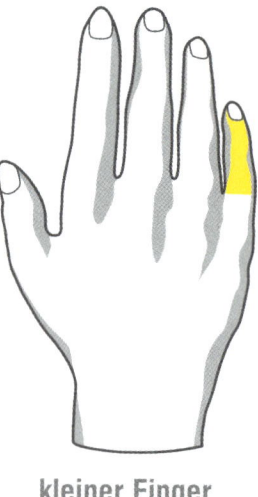

kleiner Finger

Gesamtübersicht Oberreihe – rechte Hand

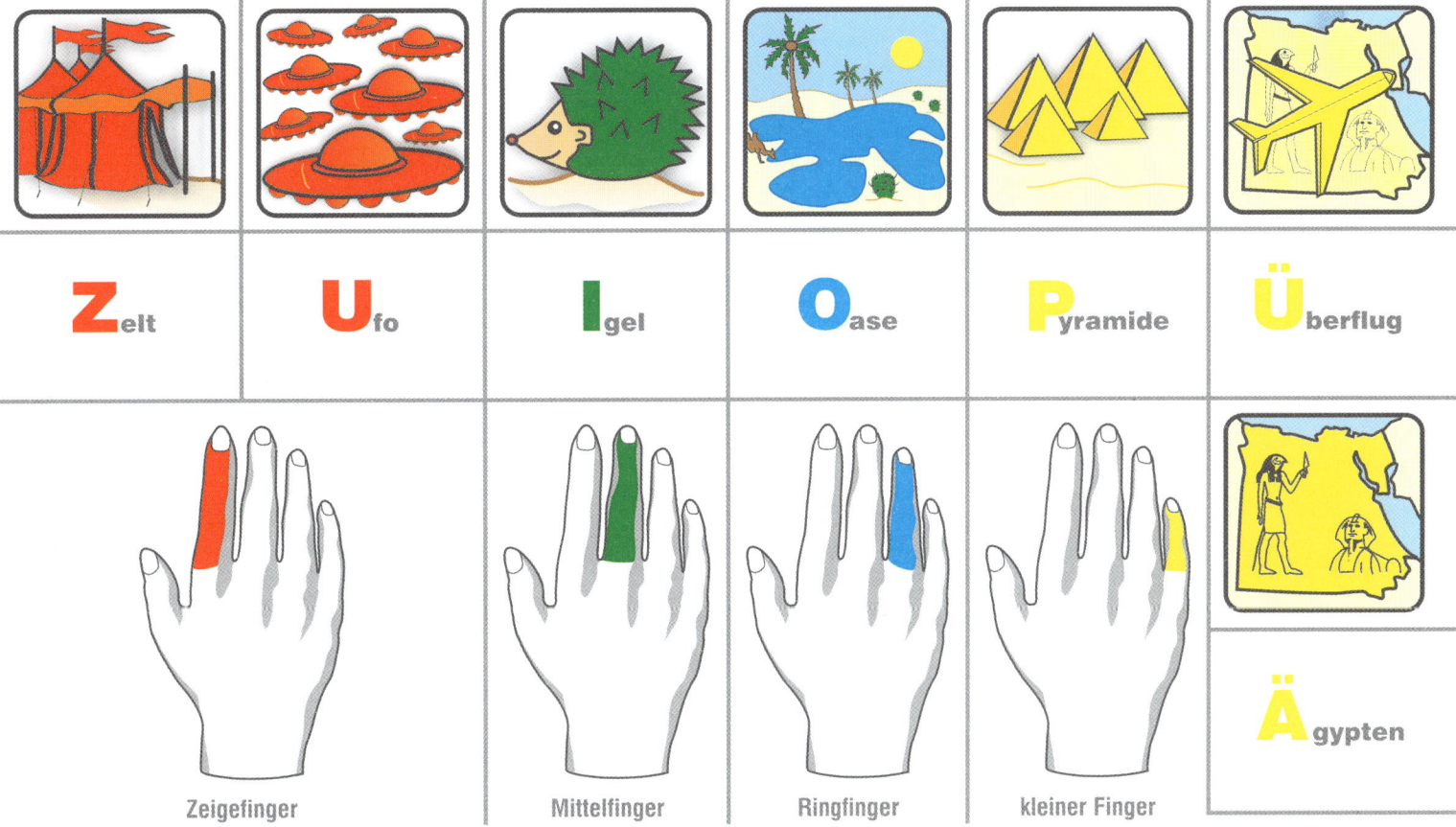

Zelt	**U**fo	**I**gel	**O**ase	**P**yramide	**Ü**berflug
Zeigefinger	Mittelfinger	Ringfinger	kleiner Finger		**Ä**gypten

Bilderquiz Oberreihe – rechte Hand

Übung: Vor dir siehst du die Tasten der Oberreihe der rechten Hand zusammen mit den Bildern. Beschrifte jede Taste mit dem passenden Buchstaben und kreuze darunter den Finger an. Kreuze auch noch die Farbe des Fingers bzw. des Bildes an.

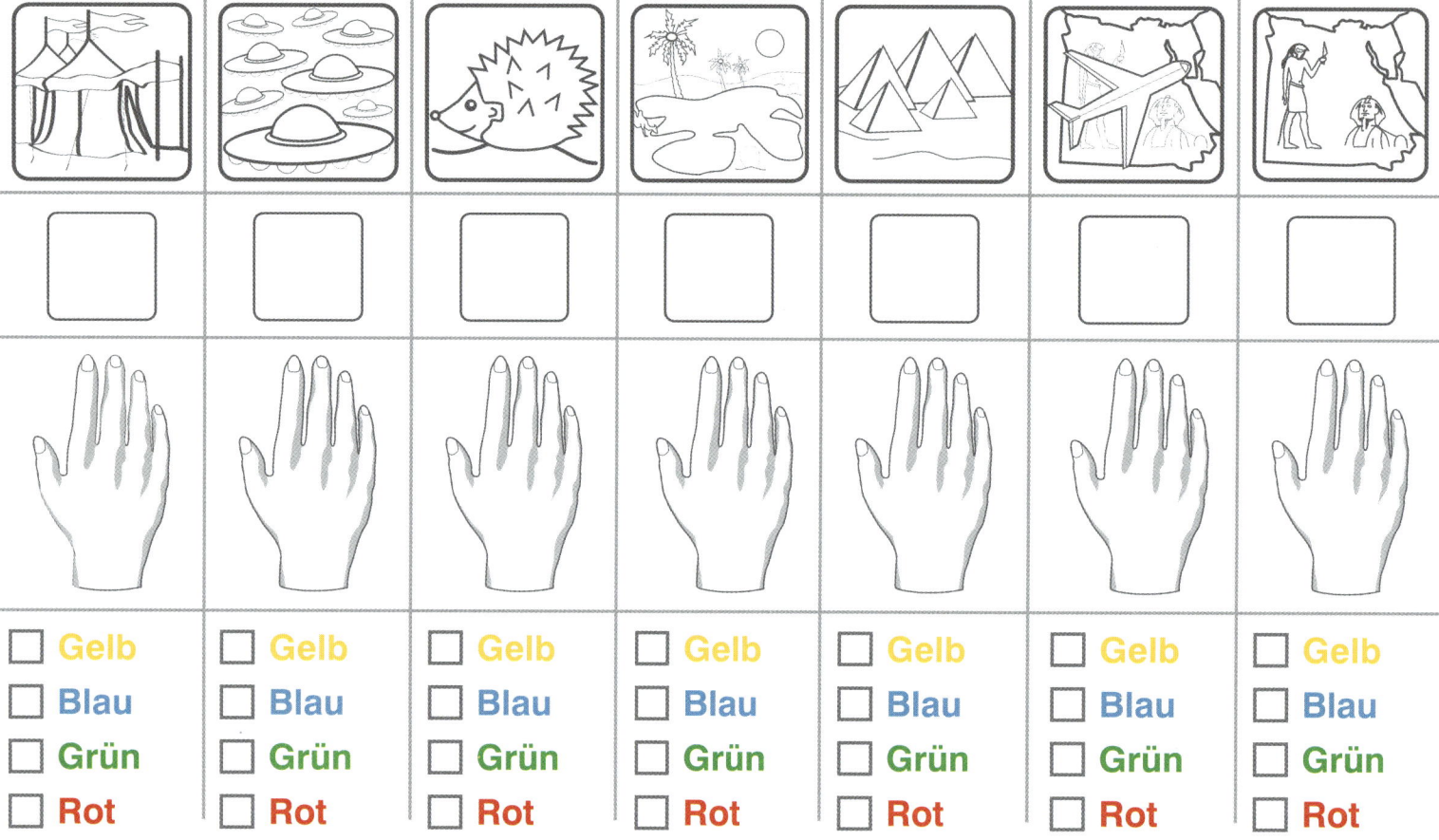

Fingerquiz Oberreihe – rechte Hand

Übung: Trage die Buchstaben in die Tastenfelder ein und verbinde in einer Linie jede Taste mit dem dazugehörigen Finger.

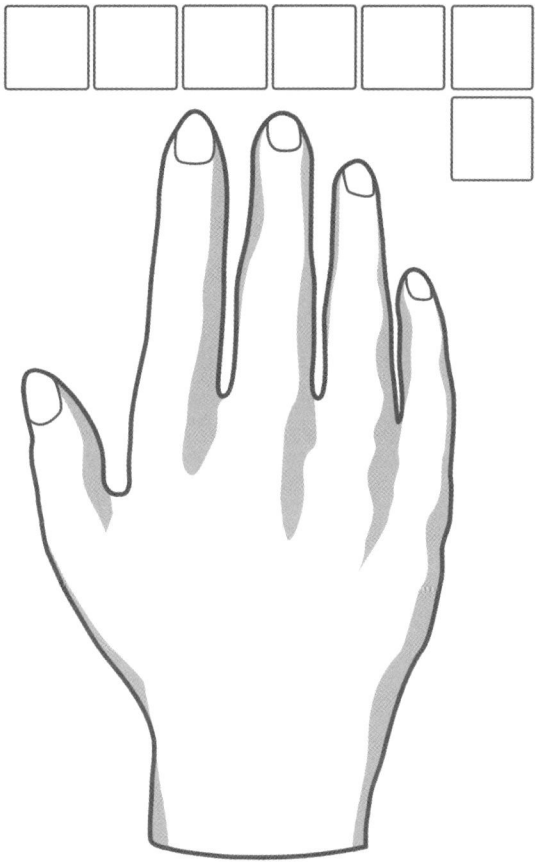

Buchstabenquiz Oberreihe – beide Hände

Übung: Kreuze zu jedem Buchstaben die Farbe und die Hand an.

Buchstabe	Gelb	Blau	Grün	Rot	Linke Hand	Rechte Hand
W	☐	☐	☐	☐	☐	☐
T	☐	☐	☐	☐	☐	☐
E	☐	☐	☐	☐	☐	☐
R	☐	☐	☐	☐	☐	☐
Q	☐	☐	☐	☐	☐	☐
T	☐	☐	☐	☐	☐	☐
E	☐	☐	☐	☐	☐	☐
Z	☐	☐	☐	☐	☐	☐
O	☐	☐	☐	☐	☐	☐
U	☐	☐	☐	☐	☐	☐
P	☐	☐	☐	☐	☐	☐
I	☐	☐	☐	☐	☐	☐

Buchstabenquiz Oberreihe – beide Hände

Übung: Kreuze zu jedem Buchstaben die Farbe und die Hand an.

Buchstabe	Gelb	Blau	Grün	Rot	Linke Hand	Rechte Hand
Ä	☐	☐	☐	☐	☐	☐
Ü	☐	☐	☐	☐	☐	☐
W	☐	☐	☐	☐	☐	☐
O	☐	☐	☐	☐	☐	☐
R	☐	☐	☐	☐	☐	☐
T	☐	☐	☐	☐	☐	☐
Ü	☐	☐	☐	☐	☐	☐
I	☐	☐	☐	☐	☐	☐
E	☐	☐	☐	☐	☐	☐
Q	☐	☐	☐	☐	☐	☐
U	☐	☐	☐	☐	☐	☐
Z	☐	☐	☐	☐	☐	☐

Tastenquiz Oberreihe – beide Hände

Übung: Trage die entsprechenden Buchstaben in die Tastenfelder ein.

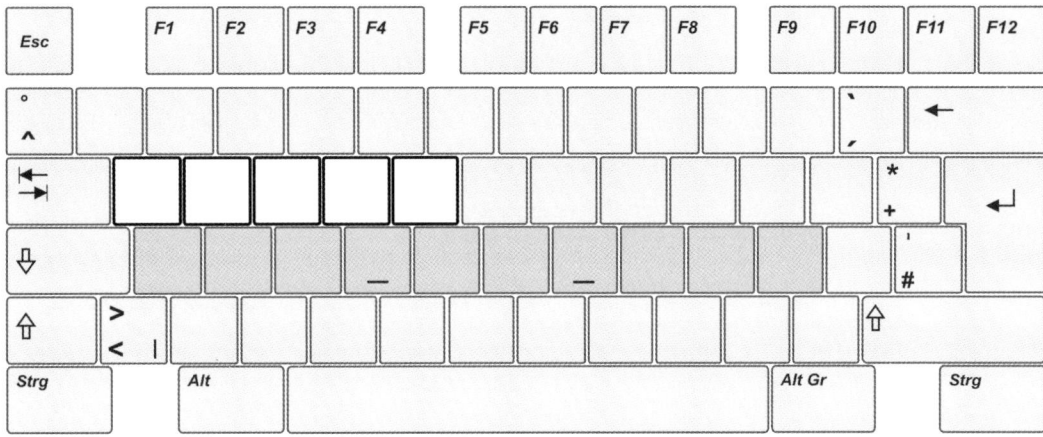

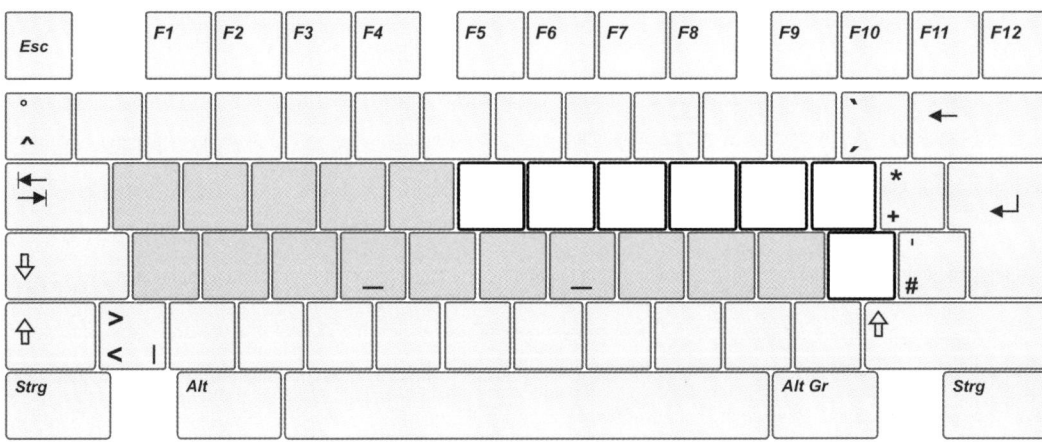

Übungstext Oberreihe – beide Hände

Mit der Grund- und Oberreihe beherrschst du nun 22 Tasten, darunter alle Vokale. Du kannst also schon viel mehr Wörter schreiben. Mit Hilfe der Bilder und der Geschichte tippst du auch diese Buchstaben, ohne dabei auf die Tastatur zu blicken.

Zeichen wiederholen – linke Hand

Kleiner Finger	Ringfinger	Mittelfinger	Zeigefinger		
aqa	sws	ded	fgf	frf	ftf

Zeichen wiederholen – rechte Hand

Kleiner Finger			Ringfinger	Mittelfinger	Zeigefinger		
öpö	öäö	öüö	lol	kik	jhj	juj	jzj

Wörter schreiben

Beginne mit den Wörtern der ersten Zeile. Wichtig ist, beim Tippen nicht auf die Tastatur zu schauen. Tippe jedes Wort dreimal.

der	die	das	wer	wo	was
eis	ast	gast	tal	hof	rot
rad	fell	tor	uhr	gift	hallo
klug	test	zahl	jojo	saft	hase
tipp	post	zwei	kurz	halt	otto

Übungstext Oberreihe – beide Hände

Weitere Wörter schreiben

kater	peter	ritter	wirt	hütte	fritz
qualle	quitt	seife	rose	apfel	wasser
wurst	klappe	später	hügel	ersatz	wörter
pflaster	gesetz	sieger	freitag	gehölz	türgriff
kaffeetasse	tastatur	autofahrer	lederhose	stieglitz	äquator

Sätze schreiben

die hose ist zu kurz	der apfel ist rot
das fahrrad ist kaputt	der kater frisst die wurst
das wasser ist kalt	freitag ist putztag
der pilz ist giftig	der sieger steht jetzt fest
karl sieht auf die uhr	fritz fährt ski auf der zugspitze

Ziffern- und Unterreihe – linke Hand

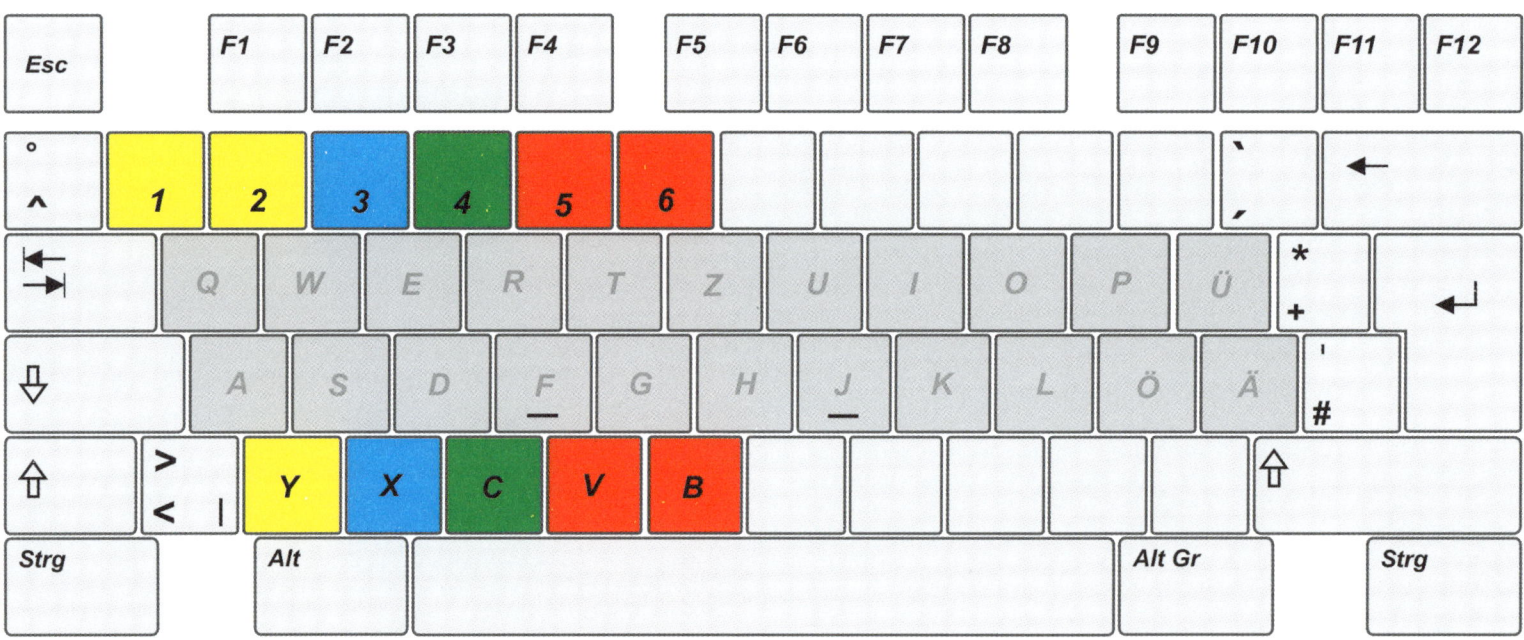

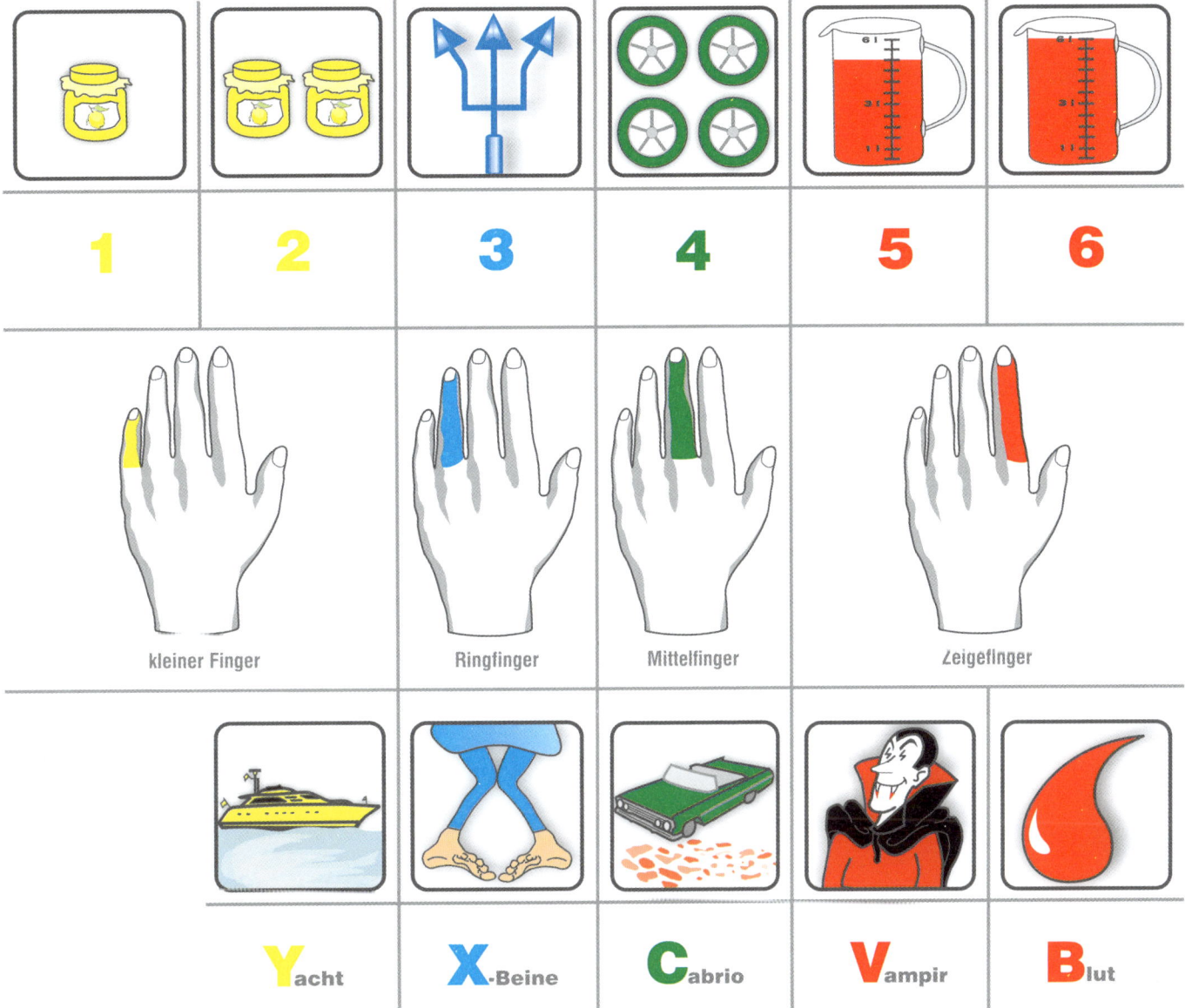

Bilderquiz Ziffernreihe – linke Hand

Übung: Vor dir siehst du die Tasten der Ziffernreihe der linken Hand zusammen mit den Bildern. Beschrifte die Tastenfelder und kreuze darunter den Finger an. Kreuze auch noch die Farbe des Fingers bzw. des Bildes an.

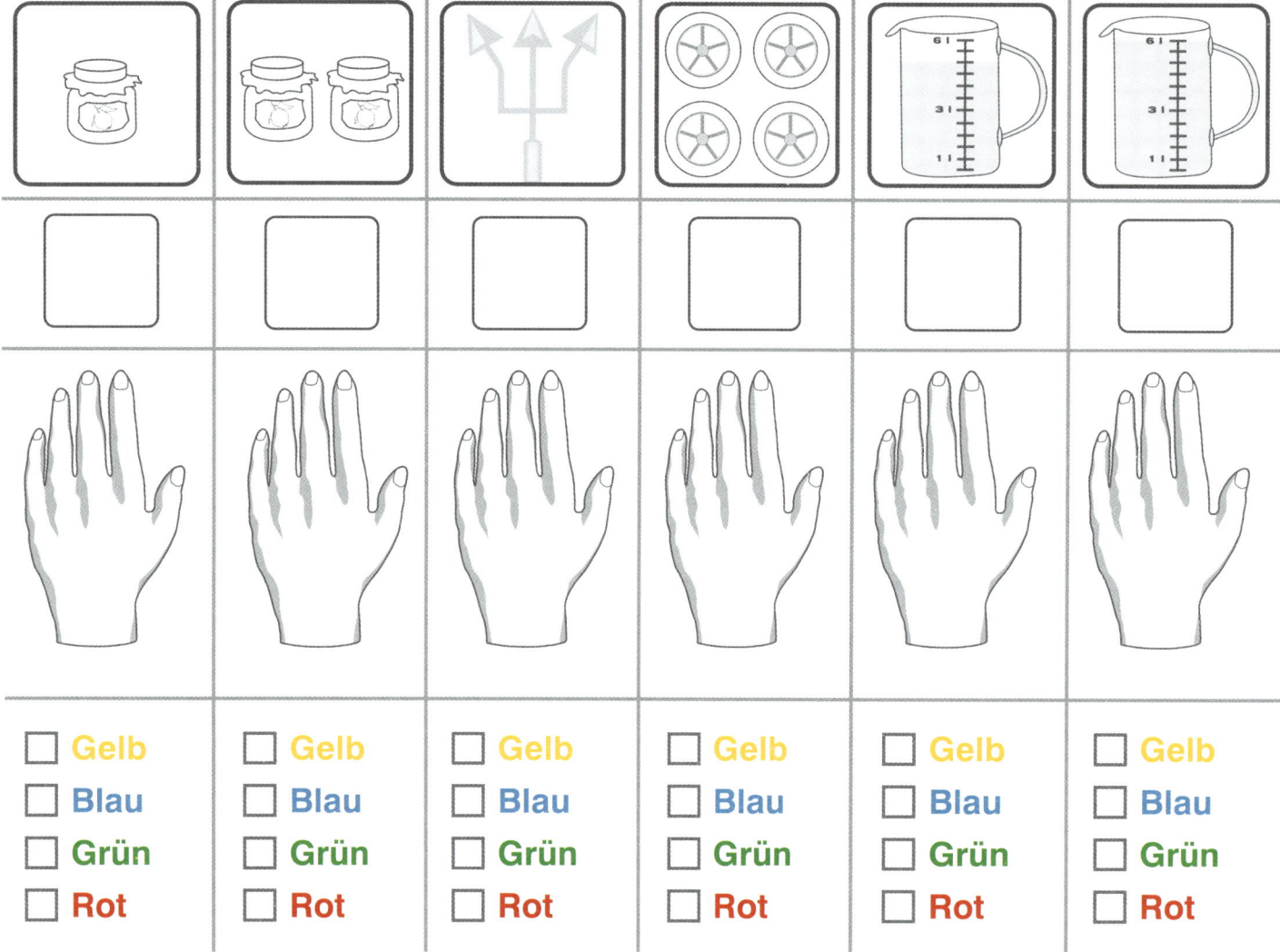

Bilderquiz Unterreihe – linke Hand

Übung: Vor dir siehst du die Tasten der Unterreihe der linken Hand zusammen mit den Bildern. Beschrifte die Tastenfelder und kreuze darunter den Finger an. Kreuze auch noch die Farbe des Fingers bzw. des Bildes an.

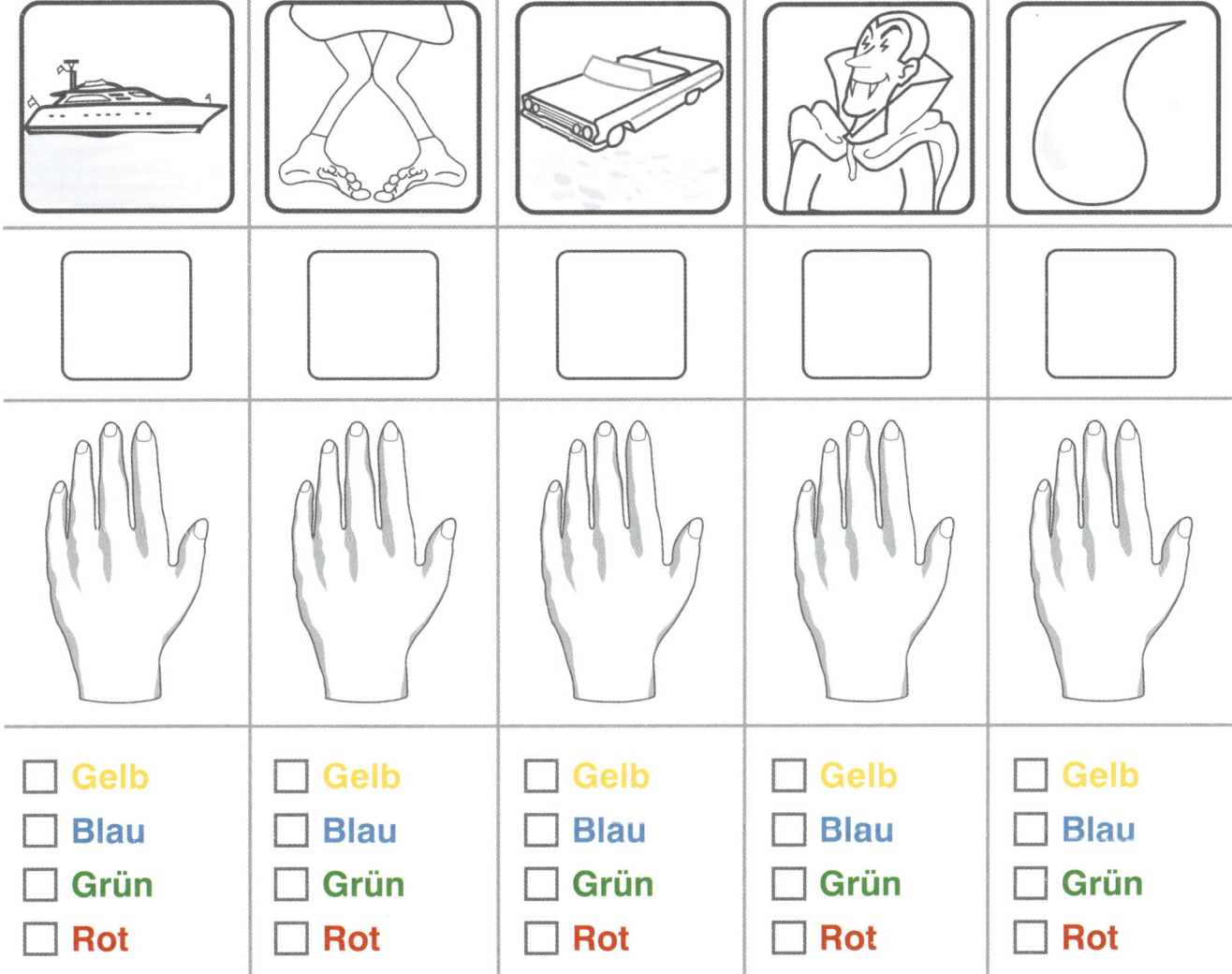

☐ Gelb	☐ Gelb	☐ Gelb	☐ Gelb	☐ Gelb
☐ Blau	☐ Blau	☐ Blau	☐ Blau	☐ Blau
☐ Grün	☐ Grün	☐ Grün	☐ Grün	☐ Grün
☐ Rot	☐ Rot	☐ Rot	☐ Rot	☐ Rot

Fingerquiz Ziffern- und Unterreihe – linke Hand

Übung: Beschrifte die Tastenfelder und verbinde die Felder mit dem passenden Finger.

Ziffernreihe · linke Hand

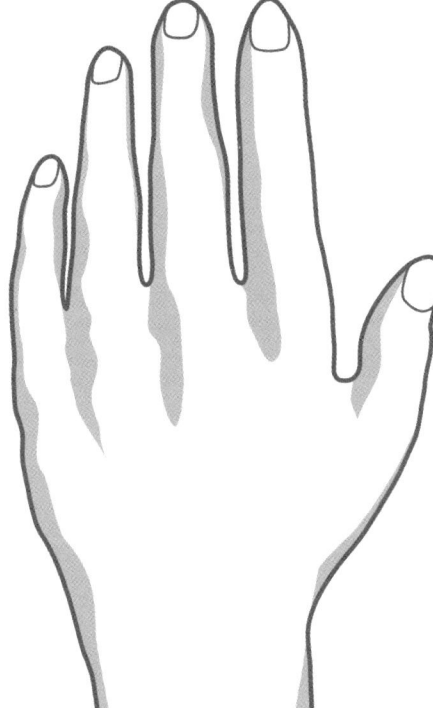

Unterreihe · linke Hand

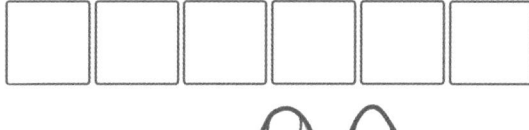

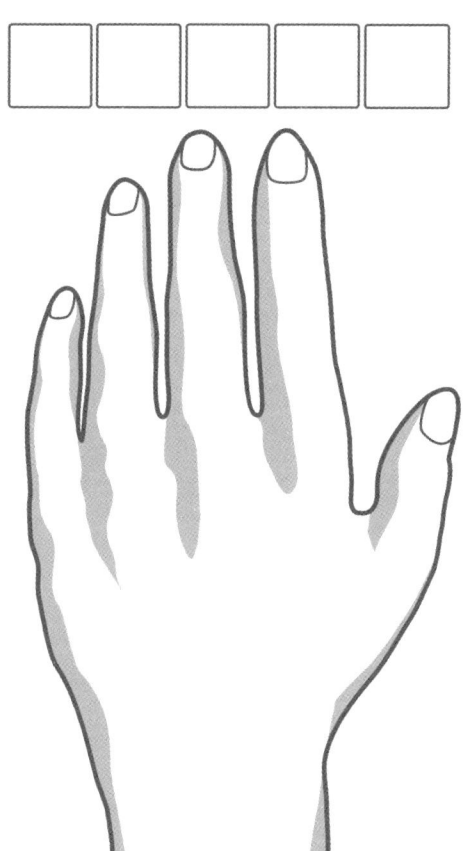

Ziffern- und Unterreihe – rechte Hand

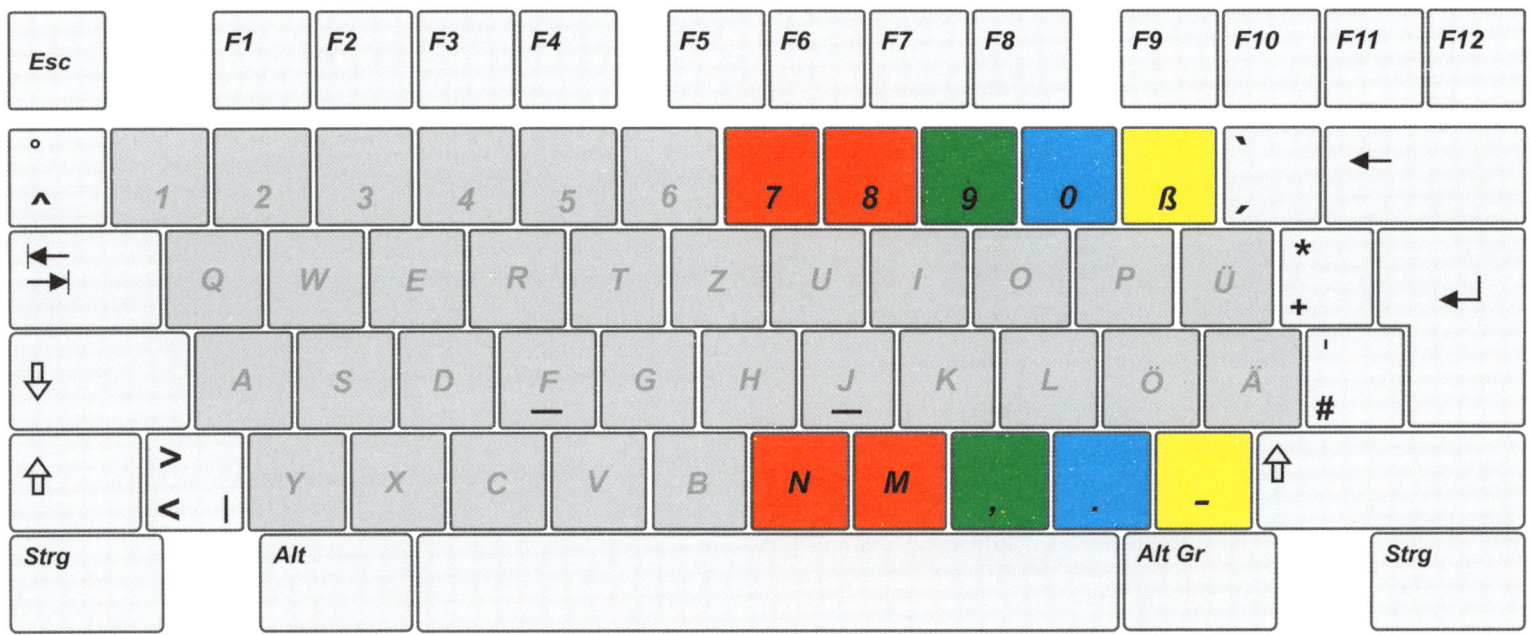

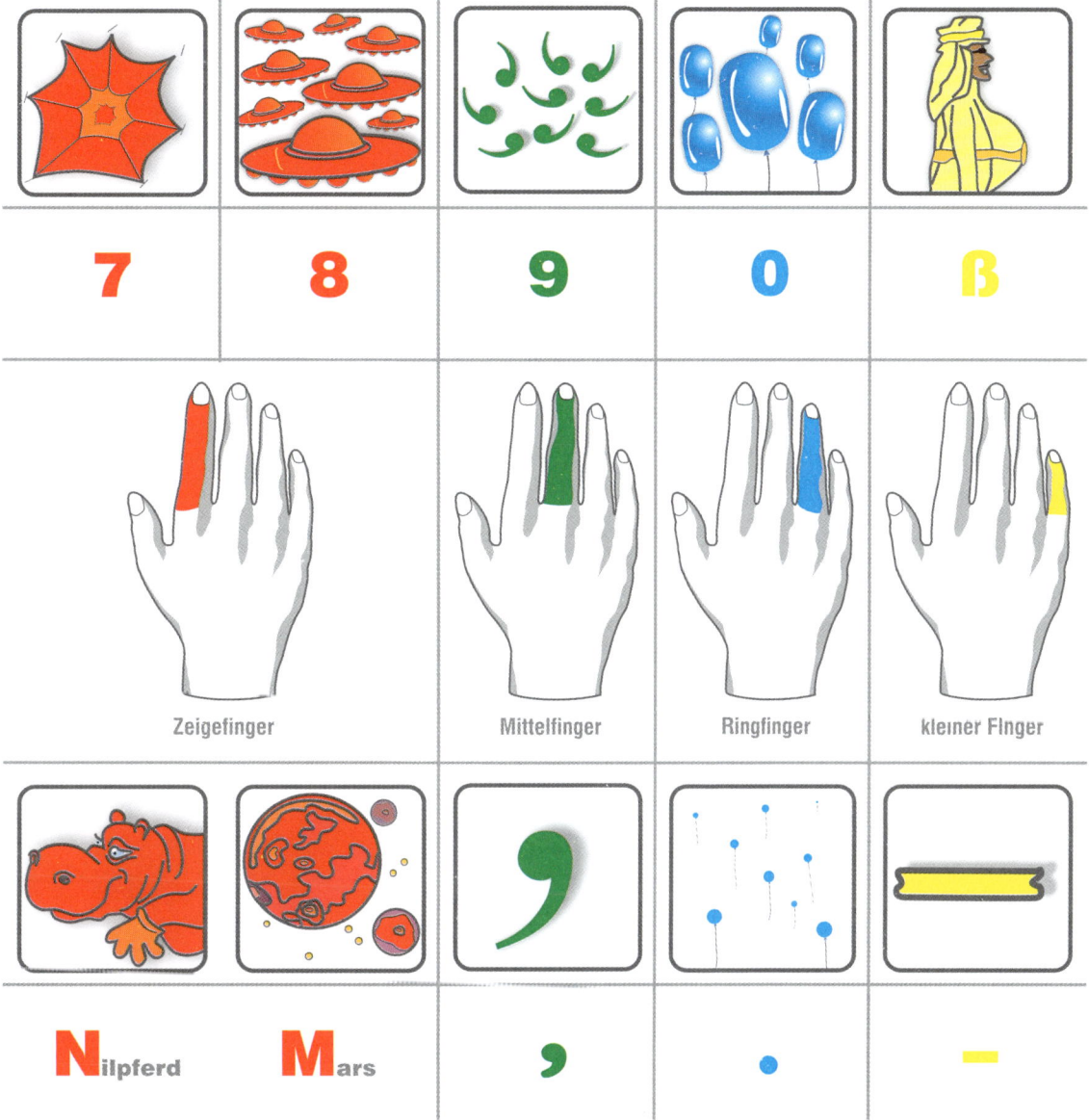

7	8	9	0	ß

Zeigefinger	Mittelfinger	Ringfinger	kleiner Finger

Nilpferd	**M**ars	,	•	—

Bilderquiz Ziffernreihe – rechte Hand

Übung: Vor dir siehst du die Tasten der Ziffernreihe der rechten Hand zusammen mit den Bildern. Beschrifte die Tastenfelder und kreuze darunter den Finger an. Kreuze auch noch die Farbe des Fingers bzw. des Bildes an.

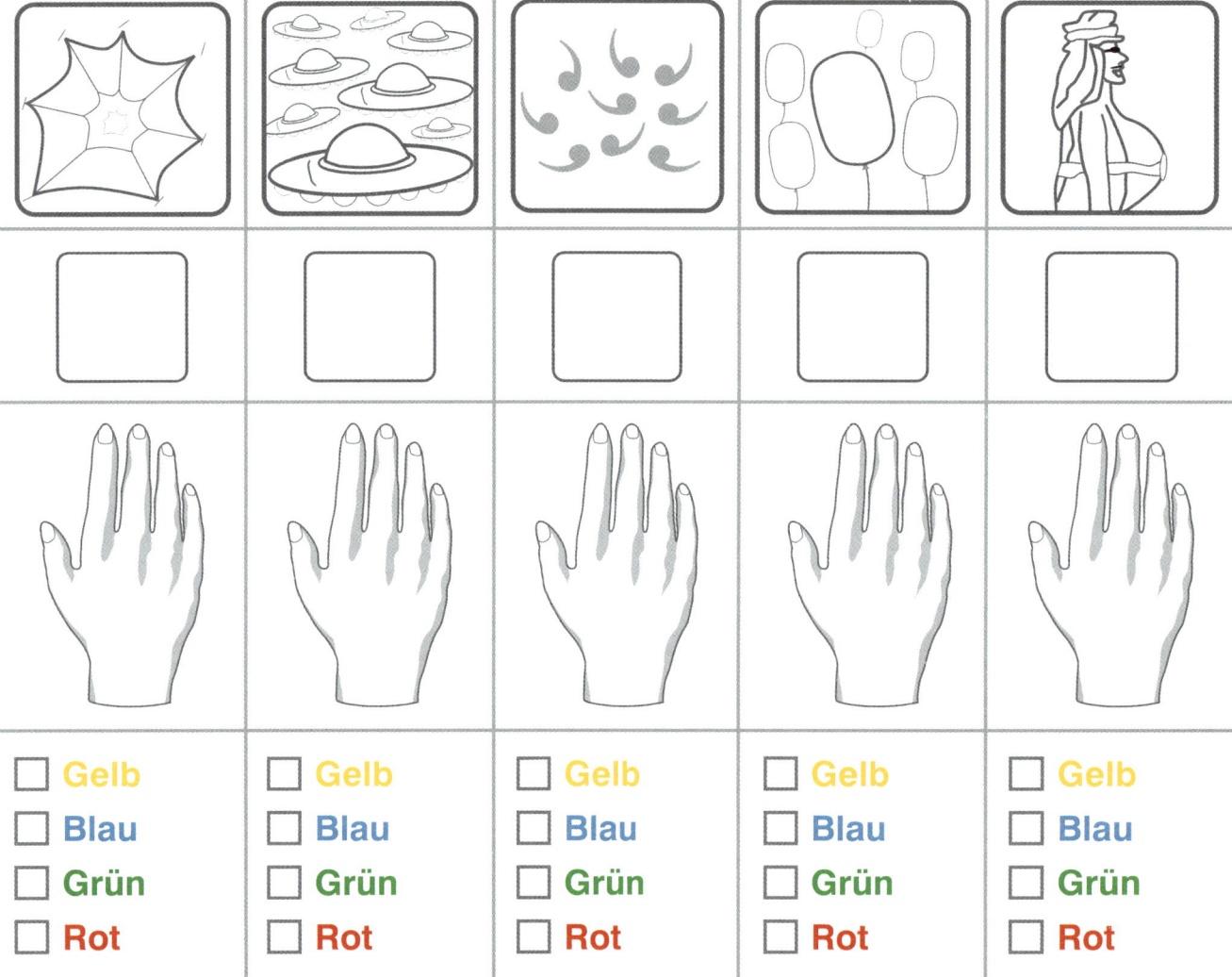

Bilderquiz Unterreihe – rechte Hand

Übung: Vor dir siehst du die Tasten der Unterreihe der rechten Hand zusammen mit den Bildern. Beschrifte die Tastenfelder und kreuze darunter den Finger an. Kreuze auch noch die Farbe des Fingers bzw. des Bildes an.

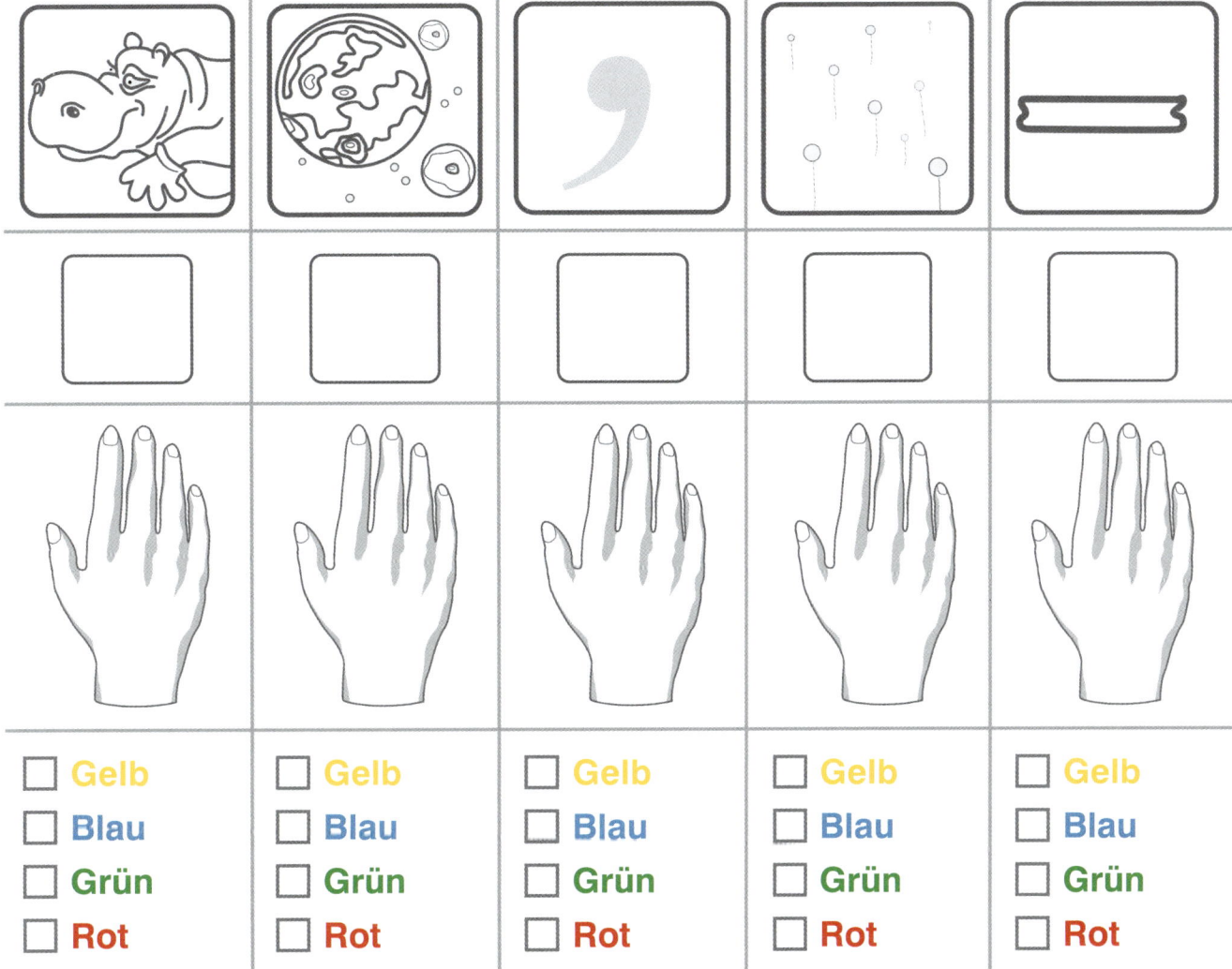

☐ Gelb	☐ Gelb	☐ Gelb	☐ Gelb	☐ Gelb
☐ Blau	☐ Blau	☐ Blau	☐ Blau	☐ Blau
☐ Grün	☐ Grün	☐ Grün	☐ Grün	☐ Grün
☐ Rot	☐ Rot	☐ Rot	☐ Rot	☐ Rot

Fingerquiz Ziffern- und Unterreihe – rechte Hand

Übung: Beschrifte die Tastenfelder und verbinde jede Taste mit dem dazugehörigen Finger.

Ziffernreihe - rechte Hand

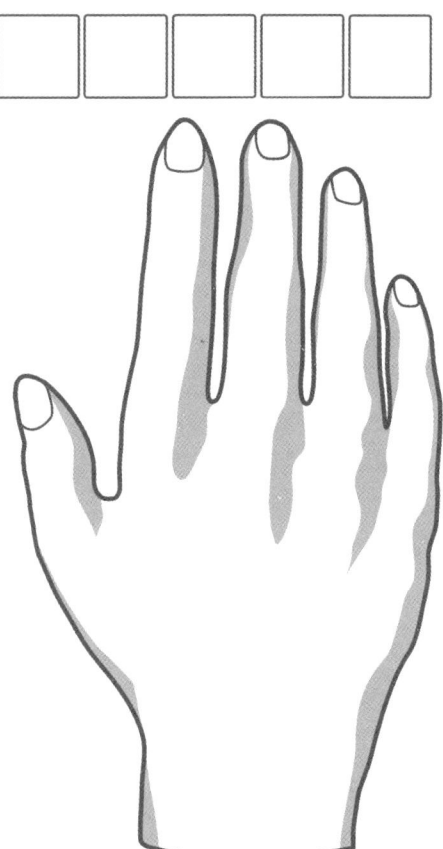

Unterreihe - rechte Hand

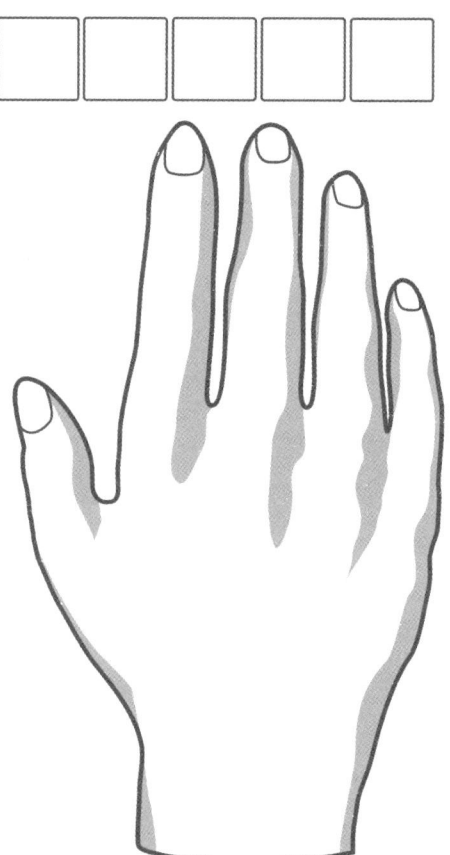

Buchstabenquiz Ziffern- und Unterreihe – beide Hände

Übung: Kreuze zu jedem Buchstaben die Farbe und die Hand an.

Buchstabe	Gelb	Blau	Grün	Rot	Linke Hand	Rechte Hand
2	☐	☐	☐	☐	☐	☐
X	☐	☐	☐	☐	☐	☐
9	☐	☐	☐	☐	☐	☐
Y	☐	☐	☐	☐	☐	☐
- Bindestrich	☐	☐	☐	☐	☐	☐
B	☐	☐	☐	☐	☐	☐
8	☐	☐	☐	☐	☐	☐
C	☐	☐	☐	☐	☐	☐
1	☐	☐	☐	☐	☐	☐
B	☐	☐	☐	☐	☐	☐
0	☐	☐	☐	☐	☐	☐
3	☐	☐	☐	☐	☐	☐

Buchstabenquiz Ziffern- und Unterreihe – beide Hände

Übung: Kreuze zu jedem Buchstaben die Farbe und die Hand an.

Buchstabe	Gelb	Blau	Grün	Rot	Linke Hand	Rechte Hand
7	☐	☐	☐	☐	☐	☐
. Punkt	☐	☐	☐	☐	☐	☐
5	☐	☐	☐	☐	☐	☐
V	☐	☐	☐	☐	☐	☐
M	☐	☐	☐	☐	☐	☐
4	☐	☐	☐	☐	☐	☐
, Komma	☐	☐	☐	☐	☐	☐
N	☐	☐	☐	☐	☐	☐
6	☐	☐	☐	☐	☐	☐
B	☐	☐	☐	☐	☐	☐
Y	☐	☐	☐	☐	☐	☐
M	☐	☐	☐	☐	☐	☐

Tastenquiz Ziffern- und Unterreihe – beide Hände

Übung: Trage die entsprechenden Buchstaben in die Tastenfelder ein.

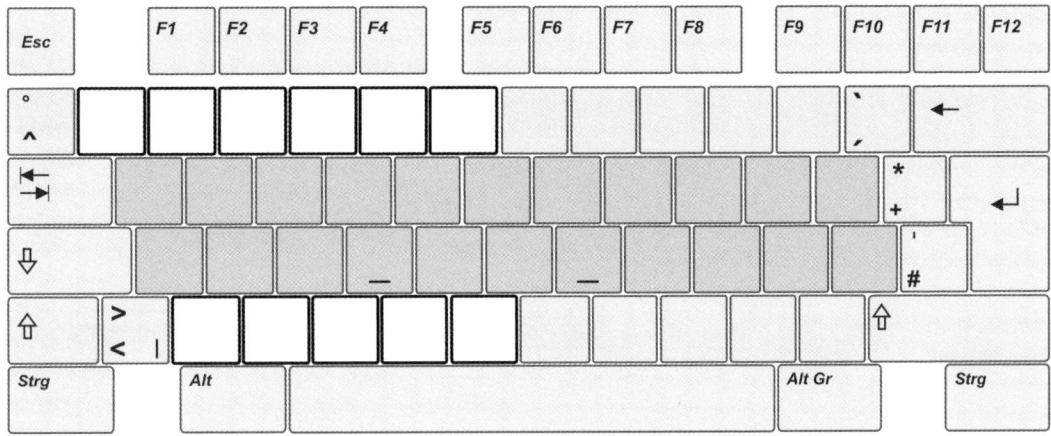

Übungstext Ziffern- und Unterreihe – beide Hände

Du beherrschst alle Buchstaben und Ziffern der Tastatur, dazu einige Satzzeichen. Du kannst jetzt jeden beliebigen Text schreiben. Beginne wieder mit den einfachen Zeichenfolgen und tippe jede Zeichenfolge und jedes Wort dreimal.

Zeichen wiederholen – linke Hand

Kleiner Finger			Ringfinger		Mittelfinger		Zeigefinger			
aya	a1a	a2a	sxs	s3s	dcd	d4d	fvf	fbf	f5f	f6f

Zeichen wiederholen – rechte Hand

Kleiner Finger		Ringfinger		Mittelfinger		Zeigefinger			
ö-ö	ößö	l.l	lol	k,k	k9k	jmj	jnj	j8j	j7j

Wörter schreiben

Beginne mit den Wörtern der ersten Zeile. Wichtig ist, beim Tippen nicht auf die Tastatur zu schauen.

nah	am	hans	nass	band	hahn
land	anna	klang	lachs	fang	kam
hahn	lahm	und	ein	bild	hund
bett	yeti	typ	blau	bunt	club
aber	name	nummer	stimme	boot	mittag

Übungstext Ziffern- und Unterreihe – beide Hände

Weitere Wörter schreiben

schiff	carmen	ozean	pflanze	kunden	motor
munter	kumpel	extra	groß	größer	abend
extrem	schnitzel	bayern	glocke	badewanne	violine
zündhölzer	computer	schreibtisch	waschen	omnibus	kläranlage
buntbarsch	luftballon	karl-heinz	pavillion	restaurant	ägypten

Sätze schreiben

der hund schleicht um den napf.	die büroklammern sind veilchenblau.
cornelia hat eine schöne stimme.	bald sind sommerferien.
xaver liebt bayerische weißwurst.	der computerfachmann hat heute frei.
das ist typisch mann, dass er so denkt.	mein neues handy klingelt.

Sonderzeichen – linke Hand

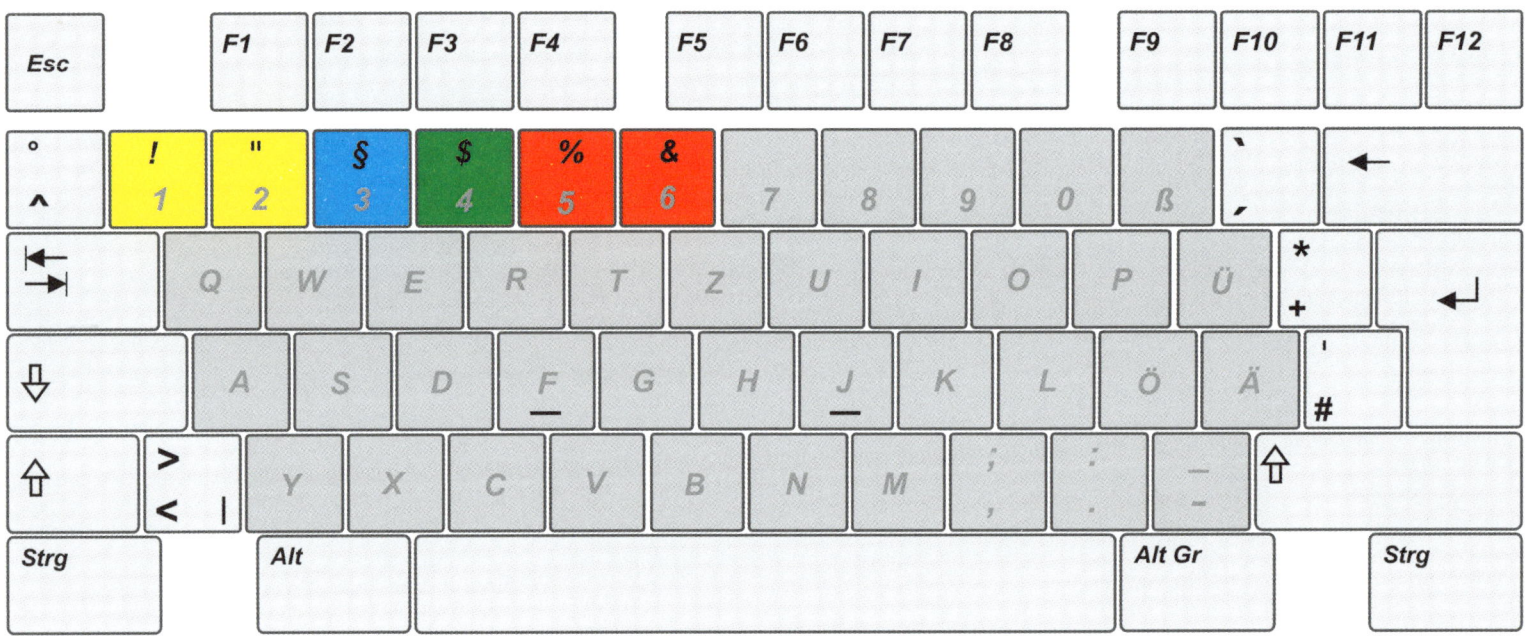

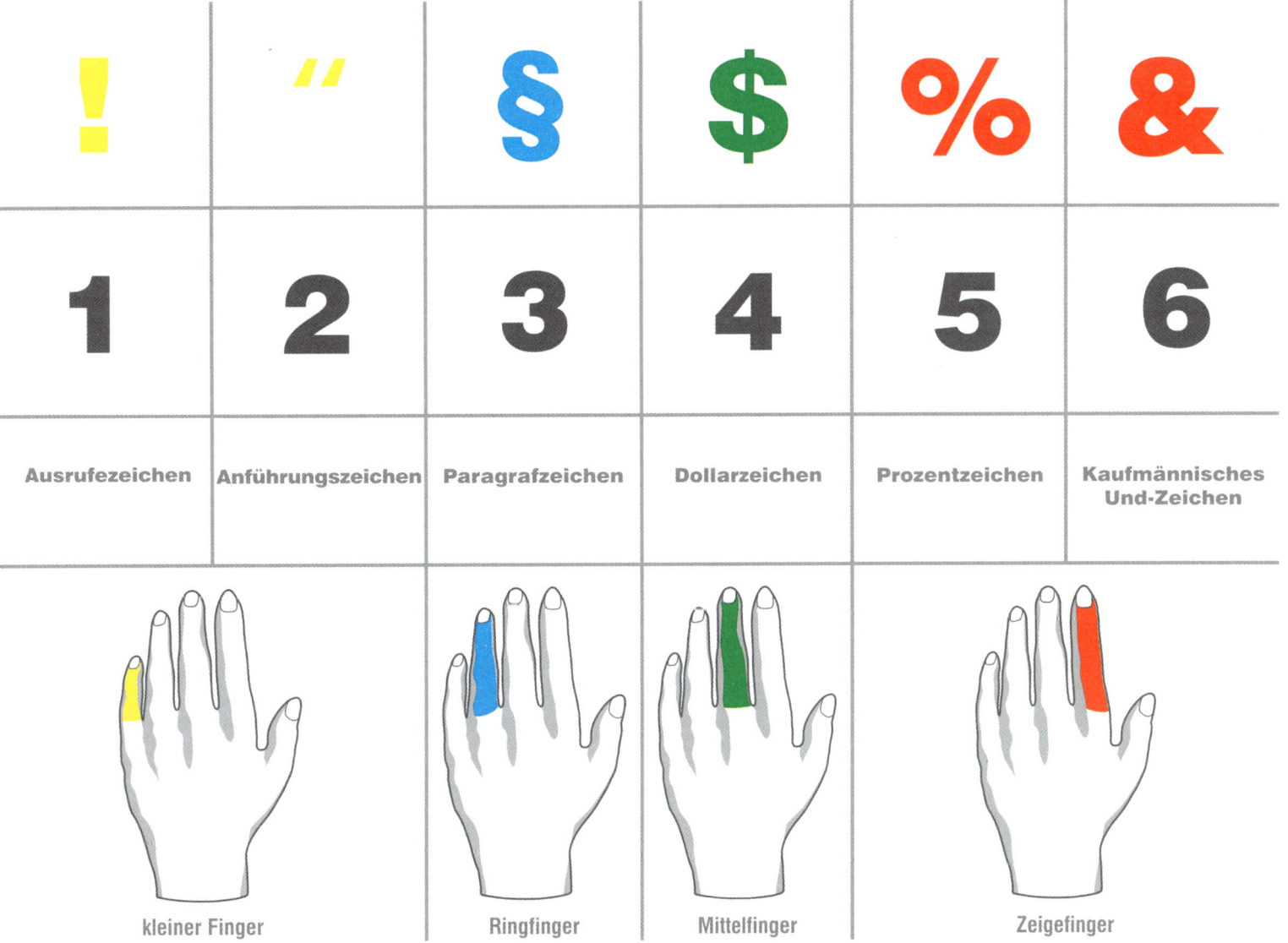

!	"	§	$	%	&
1	2	3	4	5	6
Ausrufezeichen	Anführungszeichen	Paragrafzeichen	Dollarzeichen	Prozentzeichen	Kaufmännisches Und-Zeichen

kleiner Finger   Ringfinger   Mittelfinger   Zeigefinger

Bilderquiz Sonderzeichen – linke Hand

Übung: Vor dir siehst du die Tasten der Sonderzeichen der linken Hand zusammen mit den Bildern. Beschrifte jede Taste mit dem passenden Sonderzeichen und kreuze darunter den Finger an. Kreuze auch noch die Farbe des Fingers bzw. des Bildes an.

1	2	3	4	5	6
☐ Gelb	☐ Gelb	☐ Gelb	☐ Gelb	☐ Gelb	☐ Gelb
☐ Blau	☐ Blau	☐ Blau	☐ Blau	☐ Blau	☐ Blau
☐ Grün	☐ Grün	☐ Grün	☐ Grün	☐ Grün	☐ Grün
☐ Rot	☐ Rot	☐ Rot	☐ Rot	☐ Rot	☐ Rot

Fingerquiz Sonderzeichen – linke Hand

Übung: Beschrifte die Tastenfelder und verbinde jede Taste mit dem dazugehörigen Finger.

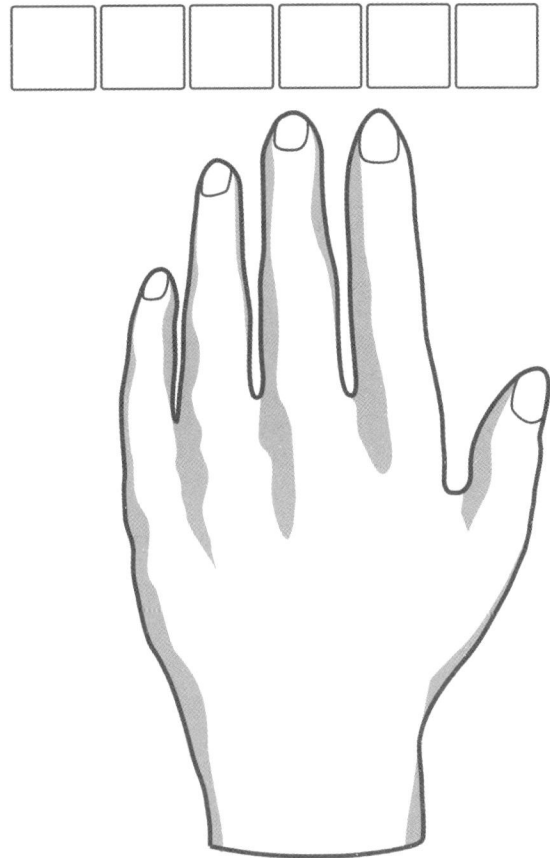

Sonderzeichen – rechte Hand

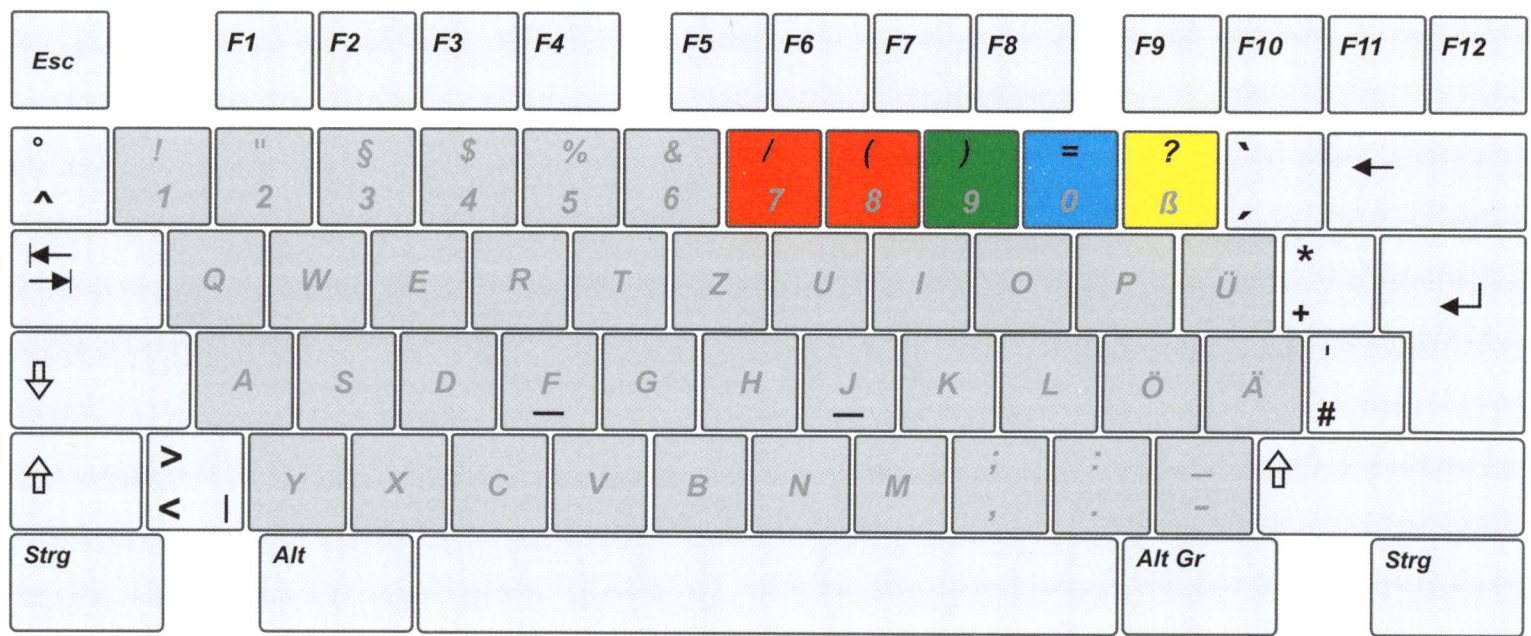

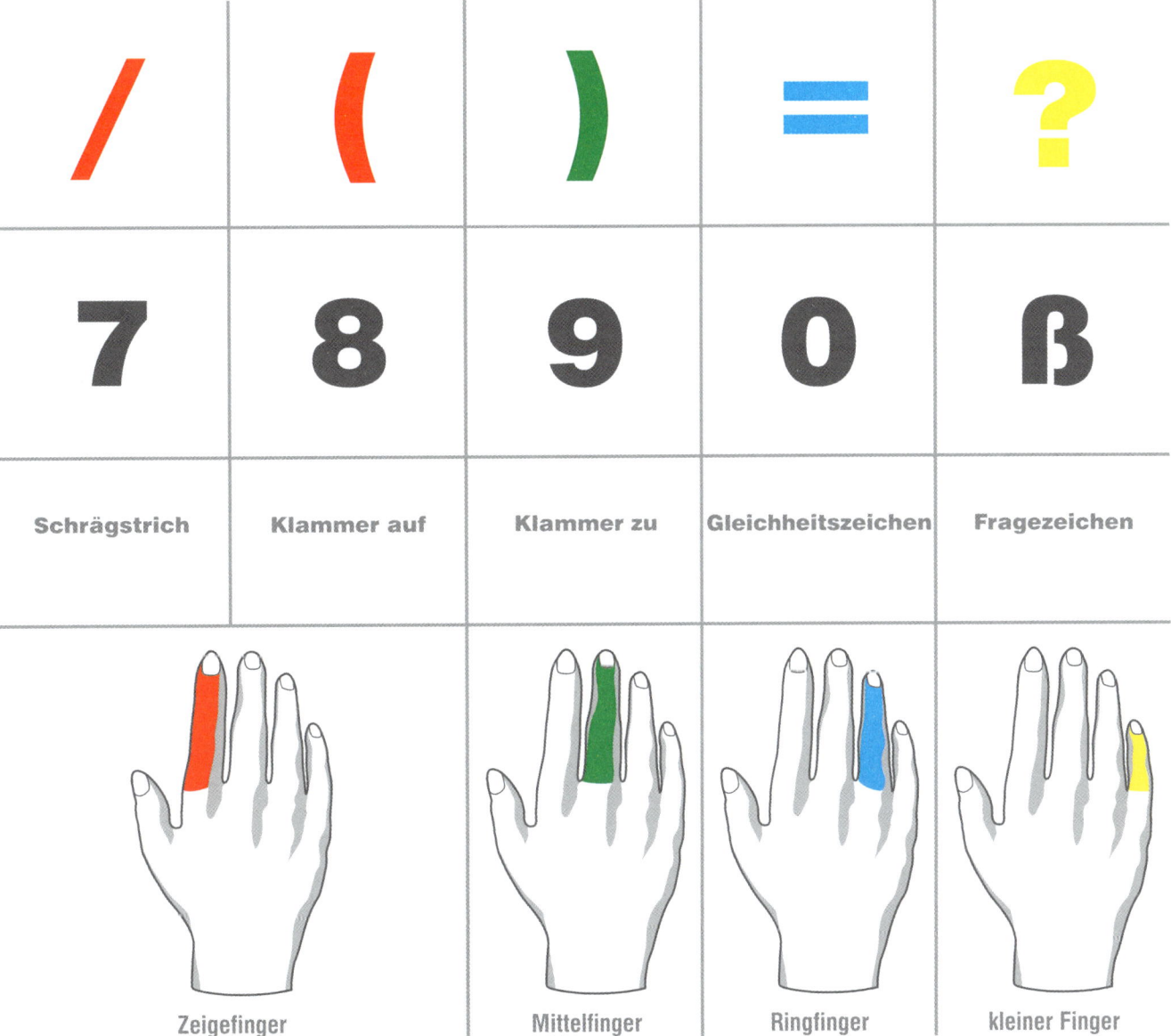

/	(	)	=	?
7	8	9	0	ß
Schrägstrich	Klammer auf	Klammer zu	Gleichheitszeichen	Fragezeichen
Zeigefinger	Mittelfinger	Ringfinger	kleiner Finger	

Bilderquiz Sonderzeichen – rechte Hand

Übung: Vor dir siehst du die Tasten der Sonderzeichen der rechten Hand zusammen mit den Bildern. Beschrifte jede Taste mit dem passenden Sonderzeichen und kreuze darunter den Finger an. Kreuze auch noch die Farbe des Fingers bzw. des Bildes an.

7	8	9	0	ß
☐ Gelb	☐ Gelb	☐ Gelb	☐ Gelb	☐ Gelb
☐ Blau	☐ Blau	☐ Blau	☐ Blau	☐ Blau
☐ Grün	☐ Grün	☐ Grün	☐ Grün	☐ Grün
☐ Rot	☐ Rot	☐ Rot	☐ Rot	☐ Rot

Fingerquiz Sonderzeichen – rechte Hand

Übung: Beschrifte die Tastenfelder und verbinde jede Taste mit dem dazugehörigen Finger.

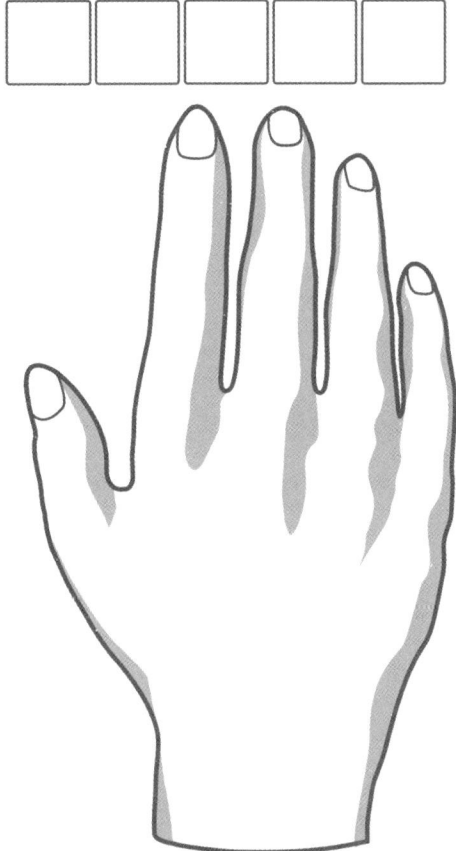

Buchstabenquiz Sonderzeichen – beide Hände

Übung: Kreuze zu jedem Zeichen und zu jedem Großbuchstaben die Farbe, die Hand und die **Umschalt-Taste** an.

Zeichen	Gelb	Blau	Grün	Rot	Linke Hand	Rechte Hand	Linke Hand Umsch. Taste	Rechte Hand Umsch. Taste
"	☐	☐	☐	☐	☐	☐	☐	☐
%	☐	☐	☐	☐	☐	☐	☐	☐
)	☐	☐	☐	☐	☐	☐	☐	☐
=	☐	☐	☐	☐	☐	☐	☐	☐
!	☐	☐	☐	☐	☐	☐	☐	☐
/	☐	☐	☐	☐	☐	☐	☐	☐
?	☐	☐	☐	☐	☐	☐	☐	☐
§	☐	☐	☐	☐	☐	☐	☐	☐
(	☐	☐	☐	☐	☐	☐	☐	☐
&	☐	☐	☐	☐	☐	☐	☐	☐
$	☐	☐	☐	☐	☐	☐	☐	☐
L	☐	☐	☐	☐	☐	☐	☐	☐

Buchstabenquiz Sonderzeichen – beide Hände

Übung: Kreuze zu jedem Zeichen und zu jedem Großbuchstaben die Farbe, die Hand und die **Umschalt-Taste** an.

Zeichen	Gelb	Blau	Grün	Rot	Linke Hand	Rechte Hand	Linke Hand Umsch. Taste	Rechte Hand Umsch. Taste
H	☐	☐	☐	☐	☐	☐	☐	☐
K	☐	☐	☐	☐	☐	☐	☐	☐
Ö	☐	☐	☐	☐	☐	☐	☐	☐
J	☐	☐	☐	☐	☐	☐	☐	☐
S	☐	☐	☐	☐	☐	☐	☐	☐
D	☐	☐	☐	☐	☐	☐	☐	☐
F	☐	☐	☐	☐	☐	☐	☐	☐
A	☐	☐	☐	☐	☐	☐	☐	☐
G	☐	☐	☐	☐	☐	☐	☐	☐
H	☐	☐	☐	☐	☐	☐	☐	☐
D	☐	☐	☐	☐	☐	☐	☐	☐
K	☐	☐	☐	☐	☐	☐	☐	☐

Tastenquiz Sonderzeichen – beide Hände

Übung: Trage die entsprechenden Buchstaben in die Tastenfelder ein.

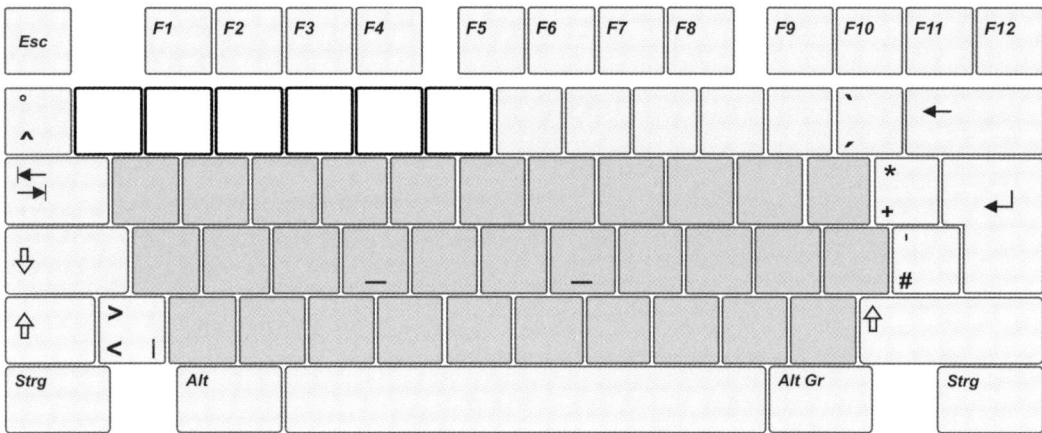

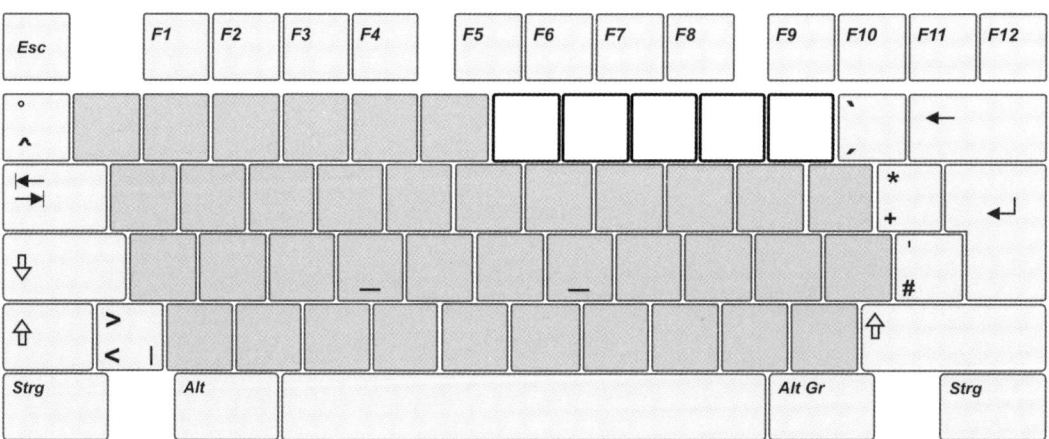

Übungstext

Jetzt beherrschst du nicht nur alle Tasten der Tastatur, sondern auch noch die Großschreibung. Tippe wieder alles dreimal und beginne dann mit einer neuen Zeile.

Hier einige Anregungen:

- Dein Vorname (z. B. Anna)
- Dein Nachname (z. B. Schuster)
- Vornamen von Freunden, Freundinnen, Verwandten
- Dein Wohnort (z. B. München)
- Straße und Hausnummer
- Bundesland
- Dein Urlaubstraumziel
- Lieblingssport
- Lieblingstier
- Titel des Lieblingsbuches / Lieblingsfilms

- Deine Telefonnummer (z. B. 089 455176802)
- Deine E-Mail Adresse (z. B. anna.muster@irgendwo.com)
- Dein Autokennzeichen
- Dir bekannte Webadressen (z. B. www.ard.de)

- Dein Sternzeichen
- Ein Gemüse
- Eine Automarke
- Eine Hauptstadt
- Einen Fluss
- Ein Getränk

- Tippe eine Einkaufsliste
- Tippe alle Obstsorten, die dir einfallen, getrennt durch ein Komma
- Schreibe einen Satz, der wie folgt beginnt: Ich hätte nie gedacht, dass…

Auf dem Weg zum Profi

Du hast in den letzten 5 Stunden gelernt, mit 10 Fingern zu schreiben und weißt nun genau, wo alle Buchstaben und Ziffern auf der Tastatur zu finden sind. Nun müssen deine Finger lernen, dieses Wissen schnell umzusetzen. Zu Beginn denkst du vielleicht noch an die Geschichte, um die richtige Taste zu finden. Doch bald schon werden sich die Bewegungsabläufe automatisieren und deine Finger wie von selbst über die Tastatur fliegen. Um dieses Ziel zu erreichen, musst du dein erlerntes Wissen anwenden und trainieren – je öfter desto besser!

Hier ein paar Tipps, wie du zum Schnellschreibprofi wirst:

Schreibe aus der Tageszeitung, einem Buch oder einem Flyer kurze Text-passagen ab. Damit übst du das Abschreiben und kannst dich völlig auf die Buchstaben und die Tastatur konzentrieren.

Versuche dann kurze Texte aus dem Kopf zu verfassen. Schreibe z. B. auf, was du am nächsten Tag alles erledigen möchtest oder beschreibe einen Gegenstand in deiner Umgebung. Vielleicht macht es dir aber auch Spaß, spontan 5 Wörter zu notieren und eine Geschichte niederzuschreiben, in der diese Wörter vorkommen.

Nutze jede Gelegenheit, um zu tippen. Schreibe deine E-Mails und Briefe mit 10 Fingern. Auch im Chat kannst du dein neu erworbenes Wissen trainieren. Versuche nicht in alte Tippgewohnheiten zu verfallen, auch wenn das Schreiben am Anfang etwas langsamer geht. Schon bald werden deine Bemühungen Erfolg haben.

Der Ziffernblock

Auf den meisten Computertastaturen findest du ganz rechts den sogenannten Ziffernblock.

Verwende diesen Ziffernblock überall, wo sehr viele Zahlen einzutippen sind, zum Beispiel in Tabellen. Auf diesem Ziffernblock findest du auch noch das Komma als Dezimalzeichen.

Zum Tippen auf dem Ziffernblock brauchst du nur die rechte Hand. Die Farben und die Finger sind die gleichen:

- Mit dem kleinen Finger betätigst du die gelbe Enter-Taste.
- Den Ringfinger benutzt du für die blauen Tasten.
- Die grünen Tasten tippst du mit dem Mittelfinger.
- Für die roten Tasten benutzt du den Zeigefinger.
- Die graue Taste (0) betätigst du mit dem Daumen.

In der Grundstellung befinden sich die Finger der rechten Hand auf den Tasten 4, 5 und 6, sowie der kleine Finger auf der Enter-Taste. Auf der Taste 5 in der Mitte des Ziffernblocks findest du eine kleine Erhebung, um die Grundstellung leichter zu finden.

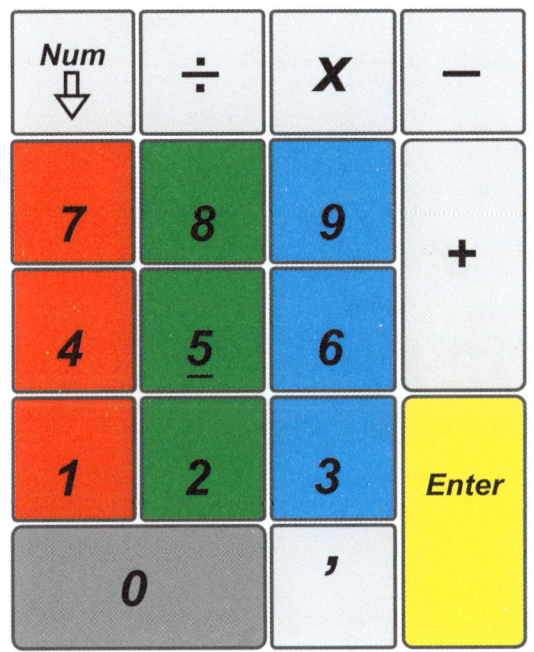

Hinweis: Bei den meisten kleineren Notebooks fehlt ein separater Ziffernblock, bei Bedarf kannst du ihn aber mit der Fn-Taste aktivieren, allerdings sind dann möglicherweise die Tasten +, *, usw. etwas anders angeordnet.

Tippe zur Übung folgende Zahlenreihen je dreimal ab.

0 123 456 789	9 876 543 210	0 174 285 379
7 639 528 401	1 584 367	683 451
085 133 589	378,65	57 831,72
57 496 321	186 294 723	547 123